2022烟台市校地融合项目

烟台二十四节气美食文化

YANTAI
ERSHISI JIEQI
MEISHI WENHUA

刘雪峰　温宝莉⊙主编

中国轻工业出版社

图书在版编目（CIP）数据

烟台二十四节气美食文化 / 刘雪峰，温宝莉主编
. —北京：中国轻工业出版社，2023.4
ISBN 978-7-5184-4326-0

Ⅰ.①烟… Ⅱ.①刘… ②温… Ⅲ.①二十四节气—
饮食—文化—烟台—高等职业教育—教材
Ⅳ.①TS971.202.523

中国国家版本馆CIP数据核字（2023）第012170号

责任编辑：方　晓　　　　　责任终审：白　洁　　整体设计：锋尚设计
策划编辑：史祖福　方　晓　　责任校对：宋绿叶　　责任监印：张京华

出版发行：中国轻工业出版社（北京东长安街6号，邮编：100740）
印　　　刷：鸿博昊天科技有限公司
经　　　销：各地新华书店
版　　　次：2023年4月第1版第1次印刷
开　　　本：787×1092　1/16　印张：12
字　　　数：350千字
书　　　号：ISBN 978-7-5184-4326-0　定价：68.00元
邮购电话：010-65241695
发行电话：010-85119835　传真：85113293
网　　　址：http://www.chlip.com.cn
Email：club@chlip.com.cn
如发现图书残缺请与我社邮购联系调换
220696K9X101ZBW

烟台二十四节气
美食文化

序

　　中国饮食文化以博大精深而著称于世。从历史文化的宏观视野而言，最有影响的菜系有黄河流域的山东菜、长江上游流域的四川菜、长江下游流域的江苏菜、珠江流域的广东菜。其中黄河流域的山东菜又被公认为是中国历史最为悠久、文化内涵最为丰富、影响力最大的菜系之一，是中国北方菜的代表。

　　山东简称鲁，因此山东菜也称鲁菜。鲁菜习惯上被认为是由胶东、济南、鲁西为主的地方风味构成。

　　胶东菜最早起源于福山，因此胶东菜也称福山菜。历史上就有"要想吃好饭，围着福山转"的佳话。福山是烟台市的一个区。福山菜对整个烟台菜的发展，在历史上发挥了领军作用，促进了烟台菜整体水平的提高。2001年10月，中国烹饪协会将"鲁菜之乡"的桂冠授予福山区，这在中国烹饪史上尚属首次。2014年5月，中国烹饪协会又将"鲁菜之都"的桂冠授予烟台市。

　　烟台菜的本质特点是：崇尚原味，顺应四时，中庸养生。烟台地处古黄河文明区域，深受诞生于黄河流域的中华群经之首《易经》的影响，其"一阴一阳之谓道"的思想深入人心，在饮食上注重天人合一，阴阳平衡。烟台地处山东东部，深受诞生于山东的孔子儒家学说的影响，在饮食上讲究堂堂正正，不走偏锋，平和中庸，五味调和。烟台更是全真教的发祥地，深受道家学说的影响，其养生思辨的思想深入人心，在饮食上追求顺应四时，养生保健。这些思想相融合，共同构成了烟台饮食文化之道，是其灵魂之所在。

有史料记载，春秋战国时期，烟台烹饪技艺就比较发达。唐朝时期，烟台餐饮业在中国已颇负盛名，元朝时期进入宫廷，并成为御膳支柱。清朝烟台开埠后，烟台的餐饮业空前繁荣，到清末民初，达到鼎盛时期，形成了"精于海味，善做海鲜；鲜嫩清淡，崇尚原味；注重小料，以此辨味；烹调细腻，讲究花色"等日臻成熟完善的风味特征，在北京、天津、上海、黑龙江、吉林和辽宁产生深远影响。福山厨师还漂洋过海，到日本、韩国、美国、英国、加拿大、阿根廷、澳大利亚、印度尼西亚等世界各地，开办烹饮业，让烟台美食在五洲飘香。20世纪80年代以后，烟台餐饮业实现了全面振兴，餐饮人才辈出，大批餐饮名店涌现，为中国饮食文化的发展做出了重要贡献，烟台成为全国闻名的"鲁菜之都"。烟台美食以特有的魅力征服了世界，成为海内外人士共同喜爱的美食，可以说是中国菜的典型了。

　　《烟台二十四节气美食文化》一书，从养生角度出发，按照二十四节气对烟台的美食进行整理，并拍摄了宣传片和教学片，以便让读者能很好地了解这些膳食的来历和烹饪技法，希望能得到海内外朋友的喜欢。由于本书编写时间仓促，水平所限，不当的地方，还望读者批评指正。

纪文民

2022年12月6日

春为四季之首，阳气初升，天气由寒转暖，万物萌发生机，人体阳气得以升发，肝气得以疏泄，气血趋向于体表，积一冬之内热也将散发出来。

《饮膳正要》说："春气温，宜食麦以凉之，不可一于温也。禁温饮食及热衣服"。根据春温阳气升发、肠胃积滞较重、肝阳易亢以及春瘟易于流行的特点，春季饮食宜清淡，以顾护肠胃。不宜肥甘厚味，以免阻滞肠胃，酿生痰热。不宜食用温热类食物及辛辣类调味品，以免助热动火，触发肝阳上亢。常见清补养肝食物有春笋、荠菜、芹菜、菠菜、枸杞叶、荸荠、海带、鸡蛋、瘦猪肉、鲤鱼、山药等。通利肠胃食物有萝卜、海蜇、菠菜、黄瓜、香蕉、荞麦、马齿苋等。

立春·一

"律回岁晚冰霜少，春到人间草木知。"《月令七十二候集解》："立春，正月节。立，建始也，五行之气，往者过，来者续，于此而春木之气始至，故谓之立也。"立春有三候：一候东风解冻。东风送暖，大地开始解冻。二候蛰虫始振。蛰居的虫类慢慢在洞中苏醒。三候鱼陟负冰。河里的冰开始融化，鱼开始到水底游动，此时水面上还有没完全溶解的碎冰片，如同被鱼负着一般浮在水面。

立春时节阳气初生，宜食辛甘发散之品，不宜食酸收之味。在食材选择上要以平性或偏温性的食物为主，不要伤了脾胃阳气。立春前后，烟台人会多食韭菜、豆芽、香菜、胡萝卜、荠菜等。立春这天，烟台人会吃春饼、年糕、面条、拌猪头肉、大白菜熬粉条等。

春盘 ①

胶东民间立春要吃春饼，也叫咬春。立春时节春回大地，万物复苏，各种蔬菜生发嫩芽，人们为了尝鲜，用面粉烙制成薄饼，卷上时令蔬菜和嫩芽，将满园春色尽收其中。最早，春饼与菜放在一个盘子里，称为"春盘"。清代姚燮赋春饼名句："鹅脂卷雪，更蝉翼、逊渠松脆。烟一角、傍杏开炉，蘸将露华红细。"

———————————— 春盘 ————————————

原料：面粉500克，香油15克，盐5克，各式炒菜。

做法：

① 面粉加盐用250克开水烫面搅匀，揉成面团，醒1小时，掐成37克重的面坯（约20个）。

② 将面坯用手压成直径5厘米的圆饼，抹上香油，每两个扣在一起，擀成直径14厘米的圆形饼，下锅烙熟扫去干面，取出后，揭开成单张，放入盘中。配食韭菜炒肉、炒芹菜、炒豆芽、炒花菜等各式炒菜。

| 风味特点 | 色泽鹅黄，味香清爽，薄如蝉翼，筋道可口，卷配多种炒菜，风味独特，是胶东传统食品。 |

锅煻鱼盒 ②

　　北宋元丰八年（1085年），50岁的翰林大学士苏轼，奉旨调任登州（今蓬莱市）知事。因苏轼善吃，故地方官员无一不以山珍海味相待。一日，一地方官员特聘当地有名望的女厨掌灶，款待苏轼。女厨耳闻是为苏轼大学士执厨，心里不免有些紧张，结果煎黄鱼的时间短了些，待菜上桌时，鱼尚未熟透。地方官员觉得有失面子，大为不满，令女厨重新制作。女厨想，将原鱼再煎恐颜色太深，重新制作时间又来不及，怎么办呢？女厨慌而不乱。边做它菜边沉思，突然茅塞顿开，计上心来。她弄了些葱、姜等调料，烹调加汤。将原鱼下锅炖煻，待汤汁爩尽且已熟透，盛盘上桌。苏轼及地方官员，急不可待，举箸便食。鱼一入口，即生快感，顿感鲜香浓郁、风味独特。再看盘中，黄鱼色泽油润金黄，与众不同，美不胜收。苏轼便请女厨到席间，问其如何制作。蓬莱儿女胸襟开阔，大智大勇。女厨虽不知祸福，但已将当地一种将酥脆的食品入锅炖煻软化称煻的烹饪技法备到了嘴边，即答曰："此菜乃锅煻黄鱼也。"苏轼觉得此菜做法甚妙，口味极佳，赞不绝口，遂赏以重金。从此，锅煻黄鱼以其特有的魅力，流传民间，成为胶东名肴传承久远。后来经胶东厨师不断创新，发展成系列煻类菜肴，形成了胶东特有的烹调技法——煻，代表菜为锅煻鱼盒。

锅煸鱼盒

原料： 净鱼肉200克，猪肉泥100克，鸡蛋黄、食用油、面粉、葱姜丝、盐、味
精、料酒、清汤、香油各适量。

做法：

① 将鱼肉片成3厘米宽、4厘米长的片；猪肉泥用盐、味精、香油调
制好。

② 在两片鱼片中间夹上肉泥包成盒形，拍上面粉，挂上蛋黄。下勺煎熟至
两面呈金黄色，倒出将油控净。

③ 食用油20克下勺，用葱姜丝爆锅，再将清汤、盐、味精、料酒下勺烧
开，将鱼盒倒入勺内煨透，捞出摆在盘内，勺内原汤淋上香油浇在盘内
即可。

风味特点 色泽金黄，咸鲜适口，香醇味厚，软嫩细腻。

干炸丸子 3

干炸丸子是一道选料考究、制作精细的传统特色菜肴。其精选七分瘦三分肥的纯猪肉馅制作而成，成品呈枣红色，口感外焦里嫩，香气诱人。此菜本来是胶东地区的一道普通年货菜，后经"国宝级大师"王义均先生引入北京后改进创新，现已成为北京地方特色名吃。

―――― 干炸丸子 ――――

原料：猪瘦肉300克，猪肥肉100克，食用油1000克，盐4克，味精5克，料酒4克，酱油4克，鸡蛋2个，淀粉5克，香油4克，葱姜适量。

做法：

① 将猪肥肉、猪瘦肉剁成肉馅，葱姜切成末。

② 猪肉馅加入葱姜末、料酒、酱油、盐、味精、鸡蛋、淀粉、香油调味。

③ 锅里加入食用油烧至七成热，把肉馅挤成直径4厘米的丸子，下油锅炸金黄至熟捞出，控净油上桌。

| 风味特点 | 色泽金黄，外干香，内鲜嫩。 |

雨水·二

　　"天街小雨润如酥，草色遥看近却无。"《月令七十二候集解》："雨水，正月中。天一生水，春始属木，然生木者，必水也，故立春后继之雨水。且东风既解冻，则散而为雨水矣。"

　　雨水有三候：一候獭祭鱼。水獭开始捕鱼了，将鱼摆在岸边如同先祭后食的样子。二候鸿雁来。大雁开始从南方飞回北方。三候草木萌动。草木随地中阳气的上腾而开始抽出嫩芽。雨水是一个非常富有想象力和人情味的节气，在这一天，不管下不下雨都充满着一种雨意蒙蒙的诗情画意，人们也都在这一天以不同的形式祈求着顺利安康。

　　雨水时节，气候变暖，风多物燥，常出现皮肤、口舌干燥、嘴唇干裂等现象，这是"上火"表现，应当多吃新鲜蔬菜、多汁水果以补充人体水分。应少食油腻之物，以免阳气外泄，内伤脾胃。雨水时节正值正月十五元宵节，有吃元宵的时俗，烟台还有吃焖开冰梭、炸春段、海米炝荠菜、福山拉面等时俗。

福山拉面也称福山大面。据传已有两三百年的历史，它以柔滑鲜美、细如银丝、品种繁多、工艺性强而闻名。卤子分大卤、温卤、炸酱、肉丝、虾仁、三鲜、海味、清汤、干拌、烩勺等几十种。

福山拉面

原料：面粉1500克，盐6克，温水15克，冷水875克，碱7.5克。福山拉面的卤子用料非常广泛，多以本地食材为主，有各类海鲜、禽畜肉、山珍或当季蔬菜。

做法：

❶ 和面：面粉1500克，加盐6克，用温水15克化开，再加860克冷水，交叉和匀。碱7.5克，用15克冷水化开，分三次加入，用拳头擩面团并折叠直到面团光滑，盖上干净的湿布，醒面30分钟。

❷ 溜条：将醒好的面团反复揉搓，加强韧性，搓成粗长条。反复摔打、拉抻，把面筋溜顺，面条放在案板上，撒上醭面，用手将面条搓得粗细均匀。再将两头合并在左手指缝中，第二次打扣，用右手中指朝下，手心向上，两手同时朝两边抻抖，如此反复拉伸即为出条。

❸ 下锅：锅内水烧沸，面放入锅内，煮面条至熟而光亮，非常筋道时捞出，放入冷水盆内过凉，再按需分装，盛入碗内。

④ 浇卤：锅内加清汤、白卤的熟猪肉片、木耳、盐、酱油、味精，烧开加香菜末、香油盛出（福山大面开卤的种类很多，这里仅以清汤面为例说明其制法），把制好的面条卤分浇在碗内的面条上即可。

风味特点　柔滑鲜美，细如银丝，品种繁多。

炸春段 ②

清光绪年间，慈禧太后做寿，御膳房赶制满汉全席，要增加一些新菜。一位叫高祥的烟台名厨苦想几日，用韭黄炒肉丝，用鸡蛋薄皮卷包起来，放油中炸至金黄色。炸了9条，摆了三层，寓意老佛爷健康长久、步步登高。做寿那天，慈禧十分高兴，可因蛋卷太长，筷子夹不住，便吩咐拿回厨房改刀，上桌时管家唱道："山东厨子高祥敬献炸春段一菜，祝老佛爷长命百岁，春风得意。"由此，炸春段一菜便流传至今。

—— 炸春段 ——

原料：里脊、韭菜、竹笋、木耳、海米、鸡蛋、葱姜丝、盐、酱油、清汤、白糖、面粉、淀粉。

做法：

① 将配料清洗干净；将鸡蛋加淀粉制成蛋皮；里脊切丝上浆，面粉和成糊，海米用水泡去盐味；木耳、竹笋切丝焯水。

② 里脊丝滑油后捞出，沥干油。

③ 锅内下入葱姜丝爆香，倒入清汤，下调料、肉丝、海米、笋丝、木耳丝烧至入味，勾芡出锅。

④ 将蛋皮一头铺上韭菜再铺上炒好的肉丝卷起，用面糊封口，下锅炸熟至金黄色，切5厘米长段，摆好形上桌即可。

风味特点	口味咸鲜，酥香鲜美。

焖开冰梭 3

俗话说"春吃开冰梭，鲜得没法说"，"宁丢车和牛，不丢梭鱼头"。开冰梭之所以鲜美，是因为每到冬季，梭鱼便潜入深海越冬，处于休眠期的梭鱼极少进食，腹内胆汁、杂物少。春风送暖，冰凌开化，万物复苏，这个时候捕到的开冰梭肚子里干干净净，做出来肉质鲜嫩，口感爽滑，鲜美无比。但开冰梭捕捞仅仅限于立春到惊蛰之间的十几天的时间，过了惊蛰其品质和鲜味则有所下降。家常焖开冰梭是烟台的传统做法。

—— 焖开冰梭 ——

原料：开冰梭鱼1条（约750g），香菜10克，盐3克，花生油10克，面酱20克，葱段10克，姜片8克，味极鲜酱油10克，老抽3克，醋2克，料酒5克，水700克。

做法：

① 梭鱼去鳞去鳍去内脏，腹部黑膜剐洗干净。将梭鱼改多十字花刀，焯水备用。

② 锅中加花生油，用葱段、姜片爆锅，炒香面酱，加料酒、味极鲜酱油、醋、盐、味精、老抽、水及梭鱼，大火煮开后开改小火，盖盖慢焖制至熟，出锅前撒上香菜，装盘即可。

 风味特点　肉质鲜嫩，咸鲜清香。

惊蛰·三

"一夜春雷百蛰空，山家篱落起蛇虫。"《月令七十二候集解》："惊蛰，二月节。《夏小正》曰：正月启蛰，言发蛰也，万物出乎。震震为雷，故曰惊蛰。是蛰虫惊而出走矣。"惊蛰有三候：一候桃始华，"桃之夭夭，灼灼其华"，满园桃花朵朵娇艳，馥郁清香。二候鸧鹒鸣，春风和煦，黄鹂早早感受到春天的气息而开始鸣叫。三候鹰化为鸠，古人称"鸠"为布谷鸟，仲春时因"喙尚柔，不能捕鸟，瞪目忍饥，如痴而化"。到秋天，鸠再化为鹰。

惊蛰，象征二月份的开始，会平地一声雷，唤醒所有冬眠中的蛇虫鼠蚁，家中的爬虫走蚁又会应声而起，四处觅食。所以古时惊蛰当日，人们会手持清香、艾草，熏家中四角，以香味驱赶蛇、虫、蚊、鼠和霉味，久而久之，渐渐演变成"打小人"的习俗。惊蛰时节，乍暖还寒，气候比较干燥，很容易使人口干舌燥、外感咳嗽。生梨性寒味甘，有润肺止咳、滋阴清热的功效，民间素有惊蛰吃梨的习俗。另外，咳嗽患者还可食用莲子、枇杷、罗汉果等食物缓解病痛，饮食宜清淡，油腻的食物最好不吃，刺激性的食物，如辣椒、葱蒜、胡椒也应少吃。这个节气，烟台人的饮食会注重培阴固阳，选一些补正益气的甘味清淡食疗粥来增强体质。甘味食品具有滋养补脾、润燥补气血、解毒和缓解肌肉紧张的作用。烟台人会多食糯米、高粱、黑米和红枣、核桃、枸杞等。惊蛰时值二月二前后，此时农村开始下地干活，此时食俗则以饼类为主，油饼、葱花饼、家常饼、玉米面饼（也称片片），此时海鲜从红娘鱼、绿刺鱼到时蔬红根菠菜开始上市，烟台人多有食用。

煎雏肉是胶东传统名菜之一。此菜是将原料先挂糊炸制，再调以浓芡熘制，是一款风味独特的肉类菜肴。20世纪50年代，烟台名店"蓬莱春"的名厨苏挺欣制作此菜颇负盛名，为该店名菜之一，深受食客喜爱。我国著名京剧艺人尚小云、言小朋、荀慧生、杨宝森都曾在该店品尝过，尤得荀慧生先生之欢心。

煎雏肉

原料：猪里脊肉350克，玉兰片丝10克，葱姜丝5克，豌豆10克，花生油500克，湿淀粉25克，鸡蛋清25克，清汤150克，盐3克，酱油8克，味精3克，料酒4克，花椒油10克，白糖15克。

做法：

1. 将猪里脊肉片成0.3厘米厚的大片，打上多十字花刀（深度为肉厚的1/3），改刀成3.5厘米长、2厘米宽的象眼块，用鸡蛋清、盐、湿淀粉抓匀上浆。

2. 锅中放480克花生油烧至六成热，将肉片下锅炸至九成熟，捞出控净油。

3 锅中倒入20克花生油，用葱姜丝、玉兰片丝、豌豆爆锅，再加清汤、白糖、盐、味精、酱油、料酒烧开，用湿淀粉勾成浓芡，把肉片倒入锅内，加花椒油翻匀盛出即可。

风味特点 鲜嫩，椒香味浓。

招远丸子 ❷

这道菜起源于招远，在民间流传超过百年，以清鲜软嫩著称于世，可与扬州名菜"狮子头"媲美。王益三，曾名王盛财，原籍招远人，胶东一代名厨，精通南北各种风味菜肴，尤擅长制作鲁菜。1960年回原籍探亲时，将招远民间传统的丸子烹法进行了挖掘整理，并研制改进，形成了现在的加工工艺和原料配备。

── 招远丸子 ──

原料：猪肥肉250克，猪瘦肉250克，水发海米25克，大白菜心50克，鸡蛋100克，香菜50克，葱姜各25克，胡椒粉1克，盐2克，醋20克，鸡汤300克，香油5克。

做法：

❶ 猪瘦肉剁成泥，加鸡蛋搅匀。猪肥肉先片成0.2厘米厚的片，肉片两面剞上多十字花纹，再切成0.2厘米见方的丁，海米、香菜（25克）、葱（15克）、姜、白菜心切成末。其余的香菜切段；葱切丝备用。

❷ 猪瘦肉、肥肉丁、海米末、香菜末、葱姜末、菜心末、胡椒粉0.5克皆放入盆内搅匀，做成直径3厘米的丸子，平摆在盘内。

❸ 蒸锅上火，放入丸子蒸8分钟，取出放入大汤碗。净锅置火上，加鸡汤、葱丝、香菜段、盐烧开，倒入大碗中，撒上胡椒粉（0.5克），浇上醋，淋上香油即成。

风味特点 丸子软嫩，汤汁清鲜，香辣咸酸。

盘丝饼是胶东面食的典型代表，清末薛宝辰的《素食说略》中对盘丝饼有详细说明。制作时把面抻至极细，把抻好的面丝刷油再盘成圆饼，刷油烙熟。由于山东是花生的主产区，对花生油又有偏好，成品熟制后留有浓郁的花生香味。盘丝饼面团制作工艺开始是冷水面团，在经历了几代面点师傅的传承、改良和创新，面团的选择上又多了发酵面团，产品得到传承和发扬，体现了面点师傅的智慧，在口感、味觉、技艺、色觉都有了新的变化，让美食有了新的风采。但因制作工艺复杂烦琐，技艺要求较高、利润微薄等诸多原因已经鲜有人做了，几近到了失传的境地。

━━━━━━━━━ 盘丝饼 ━━━━━━━━━

原料：精面粉1000克，白糖250克，香油200克，花生油、碱、盐各适量。

做法：

① 将面粉放入盆内，加适量水、碱、盐和成软硬适度的面团，醒20分钟。

② 将面团放在案板上，用抻面的方法抻拉成细面条，顺丝放在案板上，在面条上刷上香油再抻长，用刀切成15厘米长的段，共20段。

③ 取一段从一头卷起来，盘成直径约5厘米的圆形饼，把尾端压在底下，用手轻轻压扁。

④ 平锅内放入花生油，烧至六七成热时，把盘丝饼放入，用小火烙至两面呈金黄色成熟即可。食时，提起饼中心的面头处，把丝抖开放入盘内，撒上白糖即成。

风味特点　面丝金黄透亮，外焦里软，酥脆甜香。饼丝不断、不乱，色泽金黄，回味悠长，是宴席上的佳品名吃。

春·四
春分

　　"日月阳阴两均天，玄鸟不辞桃花寒。"《月令七十二候集解》：春分，二月中。分者，半也。此当九十日之半，故谓之分。秋同义。夏冬不言分者，盖天地闲二气而已。方氏曰：阳生于子，终于午，至卯而中分，故春为阳中，而仲月之节为春分。正阴阳适中，故昼夜无长短云。春分，是二十四节气的第四个节气。"春分者，阴阳相半也。故昼夜均而寒暑平。"一个"分"字道出了昼夜、寒暑的界限。春分在全国各地形成了各种有趣的习俗。旧时民间有"春分吃春菜"的习俗，春菜是一种野苋菜，也称为春碧蒿。逢春分那天，全村人都去采摘春菜，采回的春菜与鱼片滚汤，称"春汤"。还有俗语曰："春汤灌脏，洗涤肝肠。阖家老少，平安健康。"祈求家宅安宁，身体健康。

　　胶东地区则有"送春牛"习俗。春分将至，农村出现挨家挨户送春牛图的。其图是把二开红纸或黄纸印上全年农历节气，还要印上农夫耕田图样，名曰"春牛图"。送图者都是些民间善言唱者，说些春耕和吉祥不违农时的话，每到一家更是即景生情，见啥说啥，说得主人乐而给钱为止。言词虽随口而出，却句句有韵动听，俗称"说春"，说春人便叫"春官"。春分与惊蛰同属仲春，雨水多，湿气重，这个节气饮食应健脾祛湿，温补阳气，做到寒热均衡。此时肝气旺易克脾土，且肾气弱，应多吃辛味食品。

清蒸加吉鱼

①

　　清蒸加吉鱼是烟台的传统名菜之一。加吉鱼，学名真鲷，又称红加吉、铜盆鱼。烟台俗称之为"兔子洞加吉"，头大口小，体色淡红。中国沿海均有出产，以登莱沿海所产为佳。据《史记》和《汉书》记载，汉武帝即帝位后，曾经八次巡幸，站在船头兴致勃勃地观赏着大海的美丽景色，突然一条金红色的大鱼蹦到了船上。鱼为吉祥之物，汉武帝非常高兴，立即让随员捡来观赏，并询问此为何鱼？大家面面相觑，无人能说出此鱼的名称来历。当时正好太中大夫东方朔也在船上，汉武帝下令急召东方朔。东方朔急急忙忙来到跟前，仔细一瞧，这鱼他也不认识，这一下全船的人可都傻眼了，汉武帝面露不悦之色。东方朔不愧为见多识广、机智过人的大学问家，眼睛一眨，高声说道："此鱼谓之加吉鱼！"众人非常诧异，齐声高喊："愿闻其详。"东方朔笑眯眯地说："今天是皇上的生日，此为一吉；此鱼自动现身，寓意丰年有余，又为一吉；两吉相加谓之加吉，那么此鱼就该叫加吉鱼。"大家听后齐声叫好，汉武帝也捻须称是。从此以后，真鲷鱼又称"加吉鱼"。加吉鱼是渤海、黄海产的名贵经济鱼，其中以蓬莱一带产的尤佳。它以体态大方，色泽美观，肉质细嫩，味道鲜美而冠海产鱼之上。更因有增加吉利、年年有余（鱼）的寓意而备受欢迎，成为喜庆筵席上的美味佳肴。此菜在山东省首届鲁菜大奖赛上被评为十大名菜之一。加吉鱼属上等食用鱼，其肉质坚实，肥美，味厚。除了味美，加吉鱼也富含营养，含有大量蛋白质、钙、钾、硒等营养元素，为人体补充丰富蛋白质及矿物质。食用加吉鱼还可以补养脾胃、祛风、增强食欲、促进消化。

清蒸加吉鱼

原料： 加吉鱼500克，肥膘肉100克，干冬菇25克，香菜50克，姜25克，葱25克，葱姜油100克，姜末20克，花椒5粒，味精7克，香油10克，料酒10克，米醋80克，盐适量。

做法：

① 将加吉鱼刮去鱼鳞，掏净鱼鳃、内脏，洗净，在鱼两面打3.5厘米宽的板刀块花刀。

② 提住鱼尾放入开水中一烫即捞出，取出放在盘中。

③ 水发冬菇，冬菇、肥膘肉切成丝，葱、姜切丝，香菜切段，肥膘肉丝在开水中烫透捞出。

④ 把肥膘肉丝、冬菇丝、姜葱丝放在一起，加入盐、料酒、味精、葱姜油、花椒、米醋等调料拌匀，撒在加吉鱼上，入笼蒸25分钟，取出撒上

香菜段即可。也可在吃的时候，把姜末、米醋和香油放在一起做成蘸料佐食。

原汁原味，咸鲜爽口，质感软嫩。

炸椿鱼 ②

　　中国是世界上唯一以香椿嫩芽叶入馔的国家。在烟台，春天吃香椿，是最时令的金贵菜肴。说香椿金贵，并不是因为它的价格，而是过了吃香椿的季节，你再想吃，花多少钱也没地儿买。而一年之中，也就谷雨节气前的香椿最佳，所以说，吃香椿要趁早。旧时烟台，私家小院里都习惯种上一棵香椿树，每年开了春，采摘下香椿嫩芽，送给街坊邻居。可以香椿拌豆腐，可以炸香椿鱼，还可以香椿炒鸡蛋。谁家若吃了香椿，隔着好远就能闻到特有的香味。香椿裹上面糊，入油锅炸，炸出来的形状似炸小鱼，所以称之为香椿鱼。出锅后，控掉多余的油，撒上椒盐，入口酥香。香椿是季节性蔬菜，一年只有很短的时间可以吃到，也正因为此，香椿才更加金贵。很多人喜欢趁着春天香椿上市，把它冷冻储存起来，以后随吃随取。但是，香椿速冻之前也要焯一下。焯烫50秒钟之后再冻藏，不仅安全性大大提高，而且维生素C也得以更好地保存。冻藏2个月时，焯烫过的香椿中维生素C含量相当于鲜品的71%，而没有烫过的只有35%。同时，无论是颜色还是风味，都是烫过再冻的更为理想。

———— 炸椿鱼 ————

原料：香椿1小把，鸡蛋2个，淀粉30克，面粉20克，花生油适量，花椒盐适量。

做法：

❶ 香椿芽去根部洗净，用盐腌制入味。

❷ 用鸡蛋、淀粉、面粉调成稀糊。再将香椿入糊反复搅动几下，使香椿外面均匀地挂糊。

❸ 炒勺放在中火上，倒入花生油，烧至六成热时，将"椿鱼"沾匀蛋糊，逐个放入油内，移至微火炸成金黄色，捞出摆入盘内即成。食用时，外带花椒盐蘸食。

风味特点 黄绿相间，外皮酥香，香椿味浓郁。

腌爬虾 ③

爬虾营养丰富，且其肉质松软，易消化，有利于身体虚弱以及病后需要调养的人。爬虾中含有丰富的镁，镁对心脏活动具有重要的调节作用，能很好地保护心血管系统，它可减少血液中胆固醇含量，防止动脉硬化，同时还能扩张冠状动脉，有利于预防高血压及心肌梗死。爬虾的通乳作用较强，并且富含磷、钙，对小儿、孕妇尤有补益功效。

每年的春季是沿海居民吃爬虾的季节，此时是爬虾最为肥美的时候，这个季节大量上市，人们翻着花样吃爬虾，腌爬虾是一种特殊吃法。

—————————— 腌爬虾 ——————————

原料：活爬虾500g，香菜10克，葱10克，姜10克，盐6克，酱油、醋、糖、料酒各适量。

做法：

❶ 活爬虾洗干净，沥干水分；葱、香菜切段，姜切片。

② 将爬虾放入一个器皿中，倒入盐、酱油、醋、料酒、糖，放入葱、香菜、姜拌匀，盐和酱油要一次放足，但是不要太咸，之后放入冰箱冷藏，第二天就可以食用。

风味特点 形体完美，香鲜适口。

清 · 五
明

"清明时节雨纷纷，路上行人欲断魂。"《月令七十二候集解》：清明，三月节。按《国语》曰，时有八风，历独指清明风，为三月节。此风属巽故也。万物齐乎巽，物至此时皆以洁齐而清明矣。清明，既是节气，也是传统节日，二十四节气中唯一以节日形式出现的。说起清明节的来历，还要先从清明前一两天的另一个节日——寒食节说起。关于寒食，有个"割股奉君"的典故。相传春秋时代，晋国公子重耳为了逃避内乱而流亡，流亡途中饥饿难行，随从的介子推就把自己大腿上的肉割了一块下来，做熟了给重耳吃，重耳深受感动，承诺有朝一日定要好好报答介子推。后来重耳东山再起，当上晋文公后要兑现当年的诺言，准备重赏介子推时，却发现他已带着老母亲隐居深山。后晋文公寻人心切，下令烧山以逼介子推露面，最后将介子推和他老母亲烧死在枯柳树下。晋文公悲伤不已，准备厚葬介子推时，从树洞里发现一封血书，写道："割肉奉君尽丹心，但愿主公常清明。"为纪念介子推，晋文公下令这一天要禁火，吃冷食，并将这一天定为寒食节。第二年晋文公率众臣登山祭奠介子推，发现枯柳树枝繁叶茂复活了，便赐柳树为"清明柳"，并把寒食节的后一天定为清明节。

清明习俗丰富，归纳起来有两大传统：一是礼敬祖先，慎终追远；二是踏青郊游、亲近自然。人们在这天扫墓祭祖，缅怀先人，表达思念之情。扫墓之余人们也会趁着全家团聚的机会组织一家老少郊游踏青，一赏春暖花开的美景，享受阖家团聚之乐，所以清明节也称"踏青节"。清明还有戴柳圈的习俗，传说晋文公赐老柳树为"清明柳"后当场折下几枝柳条戴在头上，以怀念介子推。后百姓纷纷效仿，在清明这天将柳条编成圈戴在头上，纪念介子推。

清明正是燕子回迁的时节，北方地区有清明捏"面燕"的习俗。"面燕"是用面粉制作，经过揉面、捏形、剪尾巴、安眼睛制等步骤作成燕子形状，用蔬菜榨汁上色，最后上锅蒸制而成。"面燕"寄托着人们平安吉祥的美好愿望。

清明是中国四大传统节日之一。关于"清明"，《岁时百问》说："万物生长此时，皆清洁而明净，故谓之清明。"清明时节，万物复苏，春暖花开，人们纷纷走出家门，亲近自然。清明时节有扫墓的习俗，追祀祖先，由来已久，相沿成习。但清明时节，经常会出现"倒春寒"的现象，气候冷暖不一，忽冷忽热，有时还会出现阴雨天气，需要保养阳气，调理脾胃，滋补强身，利水排湿，养血舒筋，增强免疫功能。因此，清明时节应多食用白菜、萝卜、韭菜、山药、菠菜，以及大蒜、香椿、荠菜、苦菜和苹果、桃、梨等。

拌桃花虾 ①

　　桃花虾，顾名思义出产于桃花盛开的时节，主要产区是渤海水域的莱州湾畔，其他各地也有出产，但是莱州湾的品质最佳，据说是因为莱州湾是浅滩且风平浪静，所以虾皮特别薄，因此吃起来口感特别好。在其他地方，桃花虾是捕捞之后直接出售的。桃花虾上市时间很短，但在春季的海鲜小品中却独占鳌头，每500克价格也在60～160元不等。春季是海虾出产的淡季，莱州湾得天独厚的条件吸引桃花虾前来产籽，是难得的海味特产。与其他地方相比，莱州湾的桃花虾更肥一些，虾皮更薄，刚捕捞上来的时候虾体成透明色，体形比其他区域所产的虾略大，熟后颜色特别红润，口感更鲜嫩。

拌桃花虾

原料：桃花虾200克，香椿100克，葱、姜、盐、味精、香醋、香油各适量。

做法：

①　将桃花虾、香椿洗净。

②　桃花虾加葱、姜、盐、味精煮熟；香椿焯水加盐、味精调味。

③ 将桃花虾、香椿拌匀装盘，浇上香醋，淋上香油即可。

风味特点 色泽红绿相间，咸鲜适口，细嫩鲜香。

抓炒里脊 ②

在清朝宫廷御膳单上，胶东珍馐名馔琳琅满目，美味佳肴比比皆是，其中抓炒鱼片、抓炒里脊、抓炒大虾和抓炒腰花被誉为"四大抓炒"，风味独特，不同凡响。据说慈禧太后就特别爱吃这一口，创作此菜的御厨还被慈禧太后封为："抓炒王"。慈禧太后吃饭，以讲究排场和挑剔著称，这自然跟她骄奢淫逸的生活习惯有关。天天山珍海味，她仍常常对御厨大发脾气。有一次慈禧用晚膳，传膳太监一声呼喊，从御膳房端出了许多精致菜肴。慈禧一看就摇头摆手，让人赶快撤下。御膳房的厨师急坏了，当晚安排的这些菜肴，费尽了心思，仍讨不来太后的欢心，倘若迟迟上不去新菜，那就要倒霉了。正当御厨们面面相觑，无可奈何之际，平日里只管烧火的王玉山自称有办法让老佛爷高兴。大家苦于没有较好的办法，便由他试试。只见他操起一把手勺，将做菜剩下的猪里脊抓了一些放在碗里，又倒了些蛋清和湿淀粉等，胡乱抓了一阵子，便投入锅中烹制，不一会儿，一道"糖酥里脊"盛在盘中。众御厨们摇摇头，说这种杂乱无章菜肴，怎能登大雅之堂？更不可能入慈禧太后的法眼。然而传菜太监又来催菜，御厨们只好将"糖酥里脊"端了上去。此时慈禧太后正感到饿，看到这道菜色泽金黄，油亮滑润，不落俗套，食欲大开，举著一尝，鲜香适口，不禁叫好。她问："这是什么菜？怎么以前未曾见到？"上菜的太监不知菜肴的名称，在跪下的一瞬间，想起王玉山胡抓的情景，便信口胡诌到："回老佛爷，这道菜是抓炒里脊，是御膳房的伙夫王玉山为老佛爷烹制的，故而不在御膳房的食谱之上。"慈禧对这道别出心裁的抓炒菜生了兴趣，传旨要见王玉山。御厨们都为他捏了一把冷汗，担心刚才做的菜出了什么差错。不料慈禧对王玉山大加夸奖，并赏他白银和尾翎。因其姓王，又即兴封他为"抓炒王"，由伙夫提为御厨，专为慈禧太后烹制抓炒菜肴。伙夫王玉山做梦也没想到，自己做的一道菜竟得到如此的奖赏，对慈禧自然是感恩戴德。为迎合慈禧太后的口味嗜好，他不断进行研制，又相继推出了"抓炒鱼片""抓炒腰花"和"抓炒虾仁"。从此，抓炒菜肴被胶东厨师在山东菜馆同和居推广成为山东名菜。

抓炒里脊

原料：猪里脊肉300克，味精适量，料酒10克，白糖25克，酱油10克，醋15克，淀粉（湿）60克，熟猪油少许，花生油80克，葱末、姜末、盐、香油各少许。

做法：

① 将猪肉切成3.5厘米长的滚料块，加入少许料酒、酱油、盐，抓一抓使其入味，然后用淀粉糊裹匀。

② 用旺火把油锅烧热。待油热时，将肉挂糊下锅炸制。有粘在一起的分开，油太热时端到微火上炸，炸五分钟左右即成。

③ 用淀粉、白糖、醋、酱油、盐、味精、料酒、葱姜末兑好汁。在锅内放一点熟猪油，置火上烧热，然后倒入兑好的汁。炒粘时，将炸好的肉块倒入汁内翻炒两下，再淋上一点香油这道菜就做好了。

风味特点 外焦里嫩，咸鲜适口，微酸微甜。

艾草青团 **3**

艾蒿又名艾草，是一种多年生草本植物，分布于亚洲及欧洲地区。中国民间用拔火罐的方法治疗风湿病时，以艾草作为燃料效果更佳。在中国传统食品中，有一种糍粑就是用艾草作为主要原料做成的。艾草有调经止血、安胎止崩、散寒除湿之效。治月经不调、经痛腹痛、流产、子宫出血，根治风湿性关节炎、头风、月内风等。因它可削冰令圆，又可灸百病，为医家最常用之药。艾叶具有抗菌及抗病毒作用；平喘、镇咳及祛痰作用；止血及抗凝血作用；镇静及抗过敏作用；护肝利胆作用等。艾草可作"艾叶茶""艾叶汤""艾叶粥"等，以增强人体对疾病的抵抗能力。艾草分布于东北、华北、华东、华南、西南、西北等，我国大部分地区都有分布，多为野生，也有少量栽培，可一年一收。勤劳而智慧的人们，将艾草用于饮食，既增加了食物的营养价值，又增加了食物的风味，胶东民众常在清明前后，用野生艾草芽、面粉和成面团，包入肉馅、蛋黄、豆沙等料馅制成青团蒸食。

───── 艾草青团 ─────

原料：

（1）面团：淀粉90克，开水150克，糯米粉300克，糖45克，猪油15克，野生艾草芽250克（用2克小苏打和盐煮过）。

（2）馅料（两种）：肉松90克，咸蛋黄9个。或豆沙馅250克。

做法：

❶ 将野生艾草芽清洗干净，锅内水烧开，放入艾草，加2克小苏打和盐，煮2～3分钟捞出立刻过凉水，浸泡5分钟，多冲洗几遍，捞出控水后剁

成泥备用。

②　将开水按比例一次性冲入淀粉中，搅拌成半透明状，盖膜备用。

③　糯米粉中加糖和猪油，稍微混合一下，倒入艾草泥，用筷子搅成絮状，揉成团，加入烫熟的淀粉面团，再次揉至融合。

④　咸蛋黄碾碎，和肉松一起捏紧实，搓成圆球。

⑤　面团分成小份，包住馅料。

⑥　足汽蒸8～10分钟，出锅后可略放凉趁热刷一层香油防止干裂。

| 风味特点 | 色泽碧绿，口味甜鲜，质地软糯。 |

谷雨·六

"谷雨如丝复似尘，煮瓶浮蜡正尝新。"《月令七十二候集解》：谷雨，三月中。自雨水后，土膏脉动，今又雨其谷于水也。雨读作去声，如雨我公田之雨。盖谷以此时播种，自上而下也。故《说文》云雨本去声，今风雨之雨在上声，雨下之雨在去声也。谷雨，春季的最后一个节气。

谷雨的来历，与中国古代神话传说中的仓颉造字有关。相传仓颉是四千多年前轩辕黄帝的造字史官，他因创造了象形文字而感动上天，上天便赐予民间一场谷子雨，解救了当时因灾荒而受苦的天下百姓，百姓载歌载舞，像过节一样，便把这天定为"谷雨节"，仓颉也被后人尊为"造字圣人"。在谷雨这天，位于陕西渭南白水县史官镇一带的百姓都会举行拜仓颉的庙会。

"春雨贵如油"描述的就是谷雨时节雨水的宝贵。谷雨时节，我国西北和华北地区，逐渐升高的气温经常伴随着大风天气，造成强烈的蒸发，容易出现干旱，对正在生长的农作物来说，降水尤为宝贵。

清明燕来，谷雨开海。自古以来，山东胶东半岛的渔民就有谷雨祭海的习俗，也是胶东沿海地区传统的"渔民节"。谷雨祭海，对于渔民来说是一年当中最重要的事情。在谷雨这天，渔民用猪肉、胶东大饽饽等祭祀物品向海神娘娘祈福，祈求出海平安，满载而归。

　　谷雨过后，柳絮飞落，杜鹃夜啼，牡丹吐蕊，樱桃红熟，大自然告示人们，时至暮春了，准备迎接火热的夏季。

　　"清明断雪，谷雨断霜"，谷雨节气的到来意味着寒潮天气基本结束，气温回升加快，降雨增多，空气中的湿度逐渐加大，应围绕祛风湿、舒筋骨、健脾胃、温补气血等，多吃一些小米、黄豆、黑芝麻、薏仁、百合以及山药、菠菜、韭菜、冬瓜、豆芽、海带等食物。同时要忌大辛、大热及海腥类的发物，不吃过腻、过酸及煎炸食品。

小白菜焖鲅鱼①

每年这个时节，就是鲅鱼上市的季节。在烟台当地，家家户户都会做这道小白菜焖鲅鱼。鲅鱼是海洋洄游性鱼类，大群活动、游泳力强，有趋光性，一般夏季结群游向近海生殖，卵生，我国沿海及太平洋海域均有分布。鲅鱼有亮发、提高免疫力、健脑、养阴补虚的功效，小白菜含钙量高，可保持血管弹性、润泽肌肤、延缓衰老，并具有防癌抗癌和清肺的功效，炖煮30分钟以上，可将鲅鱼体内的大部分组胺分解。

———————— 小白菜焖鲅鱼 ————————

原料：鲅鱼1条，八角1瓣，花生油20克，白砂糖5克，小白菜250克，啤酒1000
　　　克，豆瓣酱20克，味精2克，小米椒2个，小葱1棵，姜2片，大蒜3瓣，
　　　花椒2克，盐2克。

做法：

① 把鲅鱼去除内脏后，用自来水反复冲洗干净，洗净的鲅鱼，用刀切成
　　大段。

② 将小米椒切丁，大蒜切薄片，小葱切成小段。小白菜用清水浸泡一会儿
　　后，洗净用刀切成段。

③ 锅烧热后，倒入花生油烧至八成热时，炸香花椒和八角，放入豆瓣酱用
　　小火慢慢煸炒出香味，加入葱姜蒜，爆出香味，倒入啤酒。

④ 待大火煮沸后，放入切段的鲐鱼，加入盐、味精、白砂糖、料酒调味。

⑤ 盖上锅盖大火烧开后，继续用小火慢慢炖煮10分钟。待汤汁变得越来越浓稠时，加入小白菜继续炖煮。待小白菜变色断生时，加入切丁的小米椒，煮开即可。

风味特点 色泽清白相间，鲜香紧实。

炒肉拉皮 ②

民国初年，一个叫吕庭章（生于1884年，北马镇东南村人）的厨师，受聘为某家宴操刀主厨，由于天气寒冷，主要准备的蔬菜几乎全是黄瓜。然而经过吕庭章的巧妙调制，十几道黄瓜菜肴，道道味道迥异，食客大饱口福，赞声一片，人们便送吕庭章绰号为黄瓜，一时声名大振，饭店字号和本名反而被淡忘了。久而久之，口口相传，越叫越响。这样，吕庭章便成了"黄瓜"的得名始祖，当地人称他为老黄瓜。他开的成泰源饭店，由于地处商业重镇，厨艺超群，童叟无欺，他的家常菜和筵席宴成为黄县烹饪技术的代表，对周边地区的烹饪技术发展影响很大。他制作的炒肉拉皮就是黄县大名鼎鼎的一道传统名吃，是"黄瓜家"的看家菜。

─── 炒肉拉皮 ───

原料：红薯淀粉500克，黄瓜2根，胡萝卜1根，水发木耳150克，蛋皮丝100克，麻汁100克，蒜泥50克，香菜段5克，高汤500克，肉丝150克，辣椒油10克，酱油10克，味精5克，鸡精5克，盐5克，米醋10克，香油5克，葱花和干辣椒各适量。

做法：

① 将红薯淀粉泡水10小时。

② 将黄瓜、胡萝卜、木耳切丝。

❸ 将泡好的红薯淀粉加入高汤、少许盐搅匀成淀粉浆，锅中倒水并将水烧开，将淀粉浆倒入璇子，漂在水上待淀粉凝固，将璇子浸入水中至淀粉烫熟，捞出过凉水即成粉皮。将粉皮切成菱形条，起锅添油下肉丝煸炒，下葱花、干辣椒，烹入米醋、酱油，添高汤调味盛出，粉皮加盐、味精、辣椒油、米醋、香油拌匀倒入汤盘，摆上黄瓜丝、胡萝卜丝、木耳丝、蛋皮丝，倒入肉丝、麻汁、蒜泥，放上香菜段即成。

风味特点 口感筋道，鲜香酸辣。

偆炖鳎目鱼 3

偆炖是一种乡土炖法，在山东沿海地区广为流传，是将主料挂糊炸后再下锅炖制的烹调方法。偆炖鳎目鱼是一道带汤的鱼类菜，鱼汤呈淡黄色，清亮味厚，浓香四溢，汤内金黄色的鱼块与飘浮在汤面上的香菜相映，显得十分淡雅。鳎目鱼，是一种海产鱼，此鱼体形呈舌状，双眼很小，都在左侧。全身披小鳞，有侧线三条。体色暗褐，背臀鳍连在一起，腹面淡黄色。鳎目鱼主要产在渤海湾烟台、青岛、天津等地。鱼肉厚刺少，全身只有一根大刺，肉嫩肥美。

—— 偆炖鳎目鱼 ——

原料：鳎目鱼400克，葱丝10克，香菜段5克，姜片5克，胡椒粉、盐、味精、醋、料酒、香油、清汤、淀粉各适量。

做法：

① 将鱼去头、去皮洗净，剁成4厘米方块，沾匀淀粉，放入八成热油中炸熟。

② 锅内加底油，用葱丝、姜片爆锅，加胡椒粉略炒，再加入清汤、盐、味精、料酒、鱼块，炖透入味，出锅时加入醋、香油、葱丝、香菜段即可。

风味特点　肉质细嫩，咸鲜微辣。

夏季篇

　　《饮膳正要》说："夏气热，宜食菽以寒之。不可一干热也，禁温饮食，饱食湿地，濡衣服。"根据夏季暑热偏盛、汗多耗气伤津、脾胃功能减弱、易患肠胃疾病，以及长夏暑湿当令、易患暑湿病症的特点，夏季饮食养生宜清热解暑，益气生津，长夏并宜清暑利湿。清热解暑的食物有金银花、菊花、绿豆、赤小豆、苦瓜、冬瓜、紫菜、西瓜等。益气生津的食物有山药、甘蔗、西瓜、番茄、苹果、葡萄、菠萝、乌梅、鸭肉、咸鸭蛋、鸡蛋等。清暑利湿的食物有薏苡仁、马齿苋、冬瓜、赤小豆、茯苓、砂仁等。

立·七
夏

"夏热依然午热同，开门小立月明中。"《月令七十二候集解》：立夏，四月节。立字解见春。夏，假也，物至此时皆假大也。立夏，一年当中夏季的开始，是夏季的第一个节气。《历书》对立夏的描述："斗指东南，维为立夏，万物至此皆长大，故名立夏也。"立夏对农作物来说，进入苗壮成长的阶段。立夏，吃蛋和斗蛋，是立夏这天最经典的食物和游戏。"立夏吃蛋，石头踩烂"，谚语虽有夸张的修辞手法，但鸡蛋丰富的营养也是老少皆知的。小孩喜欢斗蛋，两个蛋碰一碰，看谁的蛋壳结实不破，若蛋壳破了就剥壳吃掉，若不破就继续找其他小朋友斗蛋，乐此不疲。

"春争日，夏争时，万物宜早不宜迟。"时至立夏，全年已经度过了四分之一的时间。立夏三候：一候蝼蝈鸣；二候蚯蚓出；三候王瓜生。立夏是阳气渐长，阴气渐弱的季节，"湿、热、暑"会导致人体大量排汗，使人心烦意乱，口舌生疮。从中医五行与人体的对应关系看，夏季对应五行的"火"，与人体五脏的"心"对应，火气通心，所以立夏后容易上"心火"。应多吃酸味食物，少吃苦味食物，以低脂、低盐、多维生素、清淡为主。旧时乡间用赤豆、黄豆、黑豆、青豆、绿豆等五色豆拌和白粳米煮成"五色饭"，后演变改为倭豆肉煮糯米饭，菜有苋菜黄鱼羹，称吃"立夏饭"。用红茶或胡桃壳煮蛋，称"立夏蛋"，相互馈送。用彩线编织蛋套，挂在孩子胸前，或挂在帐子上。孩子们玩吃蛋斗蛋游戏，以拄立夏蛋作戏，以蛋壳坚而不碎为赢，谚称："立夏胸挂蛋，孩子不疰夏。"疰夏是夏日常见的腹胀厌食，乏力消瘦的症状，小孩尤易疰夏。尚有以五色丝线为孩子系手绳的习俗，称"立夏绳"。

樱桃肉是胶东风味的传统名菜之一，金黄透红、亮丽诱人。酥脆香鲜，酸甜适中，让人想起来就津液满口。其色其形无与伦比，深得名人骚客的喜爱。李世民形容它："朱颜含远日"；孙逖赞美它："色绕佩珠明"；杜牧夸奖它："圆疑窃龙颔"，这也是胶东民众尤为喜爱的一道佳肴。

———————————— 樱桃肉 ————————————

原料：五花肉200克，油75克，湿淀粉50克，蛋黄15克，白糖50克，清汤100
　　　克，醋25克，葱姜蒜米、酱油各适量。

做法：

❶ 将五花肉片成1厘米厚的大片，剞上十字花刀，切成指顶大的方丁，用
　　淀粉、蛋黄腌好，放入八成热油中炸熟，呈金黄色，捞出将油控净。

❷ 锅内加底油，用葱姜蒜米爆锅，加酱油、清汤、白糖、醋烧开，用淀粉
　　勾成浓溜芡，将炸好的肉丁倒入锅内翻匀，盛出即可。

| 风味特点 | 色泽金黄，芡汁红亮，甜酸适口。 |

汆鱼丸子 ②

据传秦始皇东巡时，非常喜欢吃海鱼，但他爱吃鱼却不会吐刺，因被鱼刺卡着不知杀掉了多少厨师。一次路经福山，得知福山人人善烹，家家会吃，连山村野妇也善烹海鲜，就令当地官员找厨师来烹制海鱼给他吃。当地官员找了好几位，都因烹鱼不去刺而被杀了头。这一天，有一位王姓名厨被官府绑了来，他知道大祸很快要临头，就把鱼放在案板上，用刀使劲拍打来泄愤，边拍嘴里边嚷："都是你害得我送了命。"可拍打过后，发现鱼肉和鱼刺分离，于是将鱼肉制成丸子，放到锅里汆熟，送给秦始皇吃。秦始皇吃着又鲜又嫩又无刺的鱼丸子，龙颜大悦，并问："此菜何名?"厨师以为秦始皇要杀他并随口叫道："完了。"秦始皇认为此菜名叫"完了"，连声称赞厨师技艺高超，并重重赏赐了他。从此"汆鱼丸子"便广为流传，也成为胶东菜品的大趣谈。

── 汆鱼丸子 ──

原料：新鲜鲅鱼肉500克，韭菜末50克，纯净水300克，清汤750克，盐4克，葱姜各50克，料酒15克，蛋清25克，生粉25克，食用油 50克，香油2克，胡椒粉2克，白糖2克。

做法：

❶ 葱姜切成丝放入水中，浸泡10分钟，鱼肉斩细成鱼蓉。

❷ 鱼蓉加葱姜水搅拌，加料酒、盐、白糖继续搅拌上劲，加蛋清、生粉、胡椒粉搅拌，加食用油、香油搅匀。

❸ 鱼蓉中加韭菜末拌匀，锅内添清汤，将鱼蓉挤成丸子下入清汤中余熟，加盐调好口味，滴入香油，盛出即可。

风味特点 色泽洁白，咸鲜可口，质感滑嫩。

蛋黄酥 ③

酥皮糕点又称髓饼，本身是胡饼的一种，是从外国传入中国的一类面食，结合《齐民要术》的成书时间，以及西晋史学家司马彪所著的《续汉书》中：灵帝好胡饼。可以推断出，胡饼传入中国的时间应该是在汉朝，事实上也正是这一时期，中原与西域的交流较多，如我们现今许多蔬菜和水果都是西汉张骞出使西域时带回来的。我们有理由相信，胡饼的制作方法也是通过类似的方式被带到了中国。而后中国也出现了越来越多带有西餐特色的美食糕点，其中不少都吸收了酥皮的制作方法，比如荷花酥、蛋黄酥、凤梨酥等，特别是蛋黄酥在胶东地区流传甚广。

—— 蛋黄酥 ——

原料：低筋粉500克，白糖200克，黄油275克，鸡蛋1个，熟蛋黄、蛋黄液、黑芝麻各适量，豆沙馅200克，泡打粉5克，臭粉少许。

做法：

❶ 将黄油与白糖均匀搓化。

❷ 加入一个鸡蛋，使蛋液充分与黄油混合。

❸ 再加入低筋粉、泡打粉、臭粉，均匀混合成面团。

将面团搓条下剂，将熟蛋黄包入豆沙中成蛋黄馅。

 将蛋黄馅包入，表面刷蛋黄液、黑芝麻，上烤盘烤制至熟。

风味特点 色泽金黄，酥松香甜。

小·八满

　　"小满温和夏意浓，麦仁满粒量还轻。"《月令七十二候集解》：小满，四月中。小满者，物至于此小得盈满。二十四节气中有小和大的对立统一：有小暑就有大暑，小暑大暑共同构成最炎热的三伏天；有小雪就有大雪，小雪大雪形成冰天雪地的景象；有小寒就有大寒，小寒大寒组成寒冷的三九天。唯独只有小满而没有大满。《说文解字》："满，盈溢也"，所以我们常说"水满则溢，月盈则亏"。《大禹谟》："满招损，谦受益，时乃天道。"《道德经》中老子曰"少则得，多则惑"。所以凡事不能"大满"，小满而不溢，小满而不损，体现中国传统文化的智慧和哲理。"四月中，小满者，物至于此小得盈满"，北方地区，小麦等夏熟作物籽粒开始饱满，但还未成熟，所以叫小满。小满，等待时机成熟的时刻，坚守正道，不浮不躁，最终收获满满。小满三候：一候苦菜秀；二候靡草死；三候麦秋至。

鸡蛋面 ①

鸡蛋面是中国北方面食面条的一种，通过鸡蛋和面粉的混合做出鸡蛋面。鸡蛋面面质柔滑，在中国传统小吃中用途非常广泛。鸡蛋面清香扑鼻，清淡可口，柔中有韧，有鸡蛋的香味还有小麦的醇香，营养丰富，物美价廉，是胶东地区广泛食用的面食之一。

—— 鸡蛋面 ——

原料：面粉500克，鸡蛋8个，猪肉100克，芸豆100克，土豆100克，葱花20
　　　克，姜5克，花生油25克，味精2克，味极鲜10克，盐10克。

做法：

① 面粉加入鸡蛋调制成全蛋面团，醒制。

② 将醒好的面团制作成薄饼，切成0.5厘米宽的面条备用。

③ 先将面煮熟，过凉水，然后将面条分装入碗内。

④ 起锅加入底油，将切好的猪肉、芸豆、土豆加配料、调料炒制，开卤。
　 将开好的卤浇在面条上即可。

| 风味特点 | 色泽金黄，口味咸鲜。 |

鲅鱼，一般是指蓝点马鲛，以其肉厚、骨刺少、细鲜嫩见长，便于厨者去骨取肉，用于制肴调制馅料。鲅鱼饺子的制作，讲究鱼的新鲜度，以刚出海的新鲜鲅鱼最美好。将鲅鱼劈两开，剔去刺，头尾去掉后将鱼皮去除，用刀将肉剁成细蓉，盛入碗内，加少许猪肥肉泥，以增其香。然后逐渐加入清水（鸡汤尤佳）搅至鱼肉起劲。搅好的鱼肉再加入调味料调匀。取鲜嫩的韭菜（韭黄更好），洗净切成细段，加入鱼馅内拌匀。鱼馅饺子的面团要调得稍软些，面剂要稍大，擀好的饺子皮厚薄均匀，薄软而不破，然后把鱼肉馅抹在面皮中间，将面皮对折后，捏成半月形。煮熟后的鱼馅饺子皮薄馅足，半透明的饺皮隐隐透出韭菜的点点翠绿，扁半圆形的大个造型，笨拙中透出几分细腻，粗犷中映出渔民的雄壮性格。食用时，略蘸香醋即可，不能佐大蒜、酱油及其他调味料，这样的吃法，最能品味到鲅鱼水饺的原汁原味。否则，真味尽失，不得其美。

━━━━━━ **鲅鱼水饺** ━━━━━━

原料：精面粉500克，鲜鲅鱼肉500克，肥猪肉150克，韭菜末150克，香油5
    克，味精5克，盐20克，花生油25克，料酒5克，清汤500克。

做法：

① 将鲅鱼肉同肥猪肉一起剁成细泥，分次加入清汤搅拌，至黏稠时，加入
    盐、花生油、料酒、味精搅匀，再加入韭菜末、香油拌成馅。

❷ 面粉中加放少许盐，用175克凉水和成面团揉匀，掐成80个面坯，压扁，擀成直径7厘米的圆皮，包上馅心捏成半月形。

❸ 锅内加清水烧开，将饺子倒入，边倒边用手勺将饺子慢慢推转，待水饺浮起时，盖上锅盖煮熟，捞出盛入碗内即成。

风味特点 口味鲜美，汁多肉嫩。

粽子 **3**

"粽子香，香厨房，艾叶香，香满堂。桃枝插在大门上，出门一望麦儿黄。这儿端阳，那儿端阳，处处端阳。"几句顺口溜，生动描写了民间过端午节的热闹场面。端午古称端五，端是起初、开始的意思，五是指初五。因唐玄宗是八月初五生日，人们为了避玄宗的讳，就用了五的同音字"午"来代替，称端午节了。粽子是端午节的传统食品，那么端午节为什么要吃粽子呢？传说很多，但流传最广、更为人们接受的是：为了纪念战国时期的爱国诗人屈原。有诗为证：

> 节分端午自谁言，万古传闻为屈原。
> 堪笑楚江空渺渺，不能洗得直臣冤。

屈原，名平，字原，战国时期楚国的大臣，曾担任过三闾大夫和左徒两职。他博闻强记、善于治乱，有改革楚国贫弱局面的远大志向。可楚君怀王宠信奸佞，不采纳屈原联齐抗秦的主张，贪图小便宜，结果被秦国的谍臣张仪骗到秦国软禁了起来，并逼着怀王割地献城。怀王又羞又悔，忧愤成疾，死于秦国。噩耗传到楚国，屈原不顾个人名利得失，毅然上书给新即位的楚顷襄王，请求他排斥小人，接近忠臣，励精图治，选将练兵，为怀王报仇。谁知，顷襄王听信奸臣子兰和上官大夫靳尚等人的谗言，将忠贞的屈原削职逐放。秦国看到楚国忠良能臣被斥，国政黑暗，君主昏庸，民不聊生，便当机立断，兵分两路，攻打楚国。奸臣当道的楚国哪里敌得过兵精将勇的秦国，没多久楚国便失地千里、尸横遍野。屈原看到美丽的祖国被铁蹄践踏，无辜的人民在战乱中不得安生，自己空有报国之心、治国之能，却请缨未果、复兴无望，心中悲愤万分，写出了很多忧国忧民诗歌，广为人们传颂。公元前278年，楚国的都城"郢"被攻破，屈原万念俱灰，悲愤交加，抱石投入汨罗江中。他死时大约62岁，正是农历五月初五。屈原投江后，当地的渔民闻讯，争相划船赶来救捞，可捞了几天，都不见屈原的尸体。渔民们怕鱼鳖虾蟹吃掉屈原的尸体，纷纷向江中投撒江米。屈原投江的消息很快传遍楚国，可谓举国哀痛。人们为了纪念他，便于每年五月五日这天，用竹筒贮米做成竹粽，投入江中祭之。

东汉建武年间，长沙有个叫欧回的人做梦，梦到三闾大夫屈原，面色憔悴，形体清瘦。屈原说：人们每年投在江中的东西，都被江中的蛟龙吃掉了，以后要用五色丝线和楝树叶子将筒粽捆扎起来或把筒粽做成带角的形状，因为蛟龙最怕带角的东西。于是人们改用楝树叶子包米投入江中。后来逐渐演变成现在的粽子。曾有人作《粽子歌》纪念屈原：有棱有角，有心有肝，一世清白，半世熬煎。

现在的粽子可谓品种繁多，口味多样。荤的素的、甜的咸的，应有尽有，角粽、锤粽、枕头粽、筒粽，一应俱全，深得老百姓的喜爱。

这种风俗也流传到朝鲜、日本及东南亚诸国，到了五月端午前后，市场上五花八门、形形色色的粽子随处可见，粽子已成为世界性的美食之一。这真是：

仲夏午日有风俗，菰叶裹粽黍米煮。
人人腰间佩香袋，五彩丝线系手足。
家家小酌雄黄酒，水上龙舟相竞渡。
耳边谁人吟楚辞，三闾大夫屈左徒。

粽子

原料：大黄米650克，蜜枣350克，干粽叶若干，马莲草适量。

做法：

① 将大黄米洗净，用清水浸泡12小时，中途换水2次。

② 粽叶用温水浸泡透并洗净，洗净后放入锅中煮几分钟。

③ 取粽叶2~3张铺平，从中间折成漏斗状放入1个蜜枣，防止漏米。

④ 放入大黄米、蜜枣，再铺一层大黄米。

⑤ 将粽叶折叠，上口包严，呈四角形，再用马莲草扎紧。

⑥ 将包好的粽子放入锅内，加水浸没，用旺火煮沸，改用慢火煮约2个小时至熟。

风味特点 品种多样，粽香浓郁，软糯适口。蘸糖或和鸡蛋一起食用别具风味。

芒种·九

"芒种初过雨及时，纱厨睡起角巾欹。"《月令七十二候集解》：芒种，五月节。谓有芒之种谷可稼种矣。芒种，是麦类等有芒作物成熟的意思。芒种三候："一候螳螂生；二候鹏始鸣；三候反舌无声。"在这一节气中，螳螂在上一年深秋产的卵因感受到阴气初生而破壳生出小螳螂；喜阴的伯劳鸟开始在枝头出现，并且感阴而鸣；与此相反，能够学习其他鸟鸣叫的反舌鸟，却因感应到了阴气的出现而停止了鸣叫。

芒种时节雨量充沛，气温显著升高。芒种，在最忙的时节更要善待自己，注意饮食起居，保证身体健康，迎接收获，播种希望。芒种时节，天气闷热，出汗较多，饮食要多吃清热利湿的食物，如冬瓜、绿豆等。饮食要注意稍热，不能过凉。不宜食用肥甘厚味及燥热食物。

扒原壳鲍鱼①

　　苏东坡曾在登州（蓬莱）做过五天知事，并写下《鰒鱼行》，赞美鲍鱼：
"膳夫善治荐华堂，坐令雕俎生辉光。肉芝石耳不足数，醋芼鱼皮真倚墙。"言
下之意，品尝了鲍鱼的美味后，一切珍肴都不在话下。历史上，王莽、曹操皆
喜食鰒鱼。胶东有一款著名的海鲜佳肴，叫扒原壳鲍鱼。此菜造型既美观又名
贵，肉嫩、汤清、色白、味鲜，是高级宴会上的佳品。这款菜之所以上档次、
有讲究，除了所用原料鲍鱼名贵外，另一个特点是选用鲍壳作为盛器，即所谓
原壳置原味。事实上，在介壳类的海鲜中，带壳烹调，随壳装盘的历史可谓
久远，并且出现在山东沿海。《齐民要术》中记载了三种介壳类菜肴的制作方
法，即炙蚶、炙蛎、炙车螯。这几种菜肴都是带壳烤熟后，将肉取出或四个、
六个、八个共放一个壳内，随调料上桌供人们食用。尽管制法比较简单，但选
用原壳作为盛器，反映了沿海人们的聪明才智。自此以后，带壳烹食的做法依
然流行。清初周亮工在《因树屋书影》中说，他做潍县县令时，好友匡久畹曾
以鲍鱼招待他，"就火上炙啖，鲜美异常"。鲍鱼尤以长岛产的"盘大鲍鱼"
质高量大。鲍鱼壳在医学上称"石决明"，为珍贵的中药材。此菜在山东省首
届鲁菜大奖赛中被评为十大名菜之一。

───────── 扒原壳鲍鱼 ─────────

原料：带壳鲜鲍鱼12个（约出肉300克），青豆24粒，鸡蛋清50克，盐2克，湿
　　　淀粉100克，净鱼肉400克，清汤500克，鸡油25克，熟火腿25克，料酒
　　　15克，葱5克，冬笋25克，味精2克，姜5克。

做法:

① 将带壳鲍鱼洗净,放入开水中稍煮,挖出肉,洗净杂质,片成1.5毫米厚的片;火腿、冬笋也切成1.5毫米厚的片;葱、姜切成末。

② 鱼肉剁成泥,放入碗内,加湿淀粉25克,料酒5克,盐1克,鸡蛋清、葱、姜末搅匀,倒入大盘内摊平。

③ 鲍鱼壳放入含碱5%的水中,用毛刷刷洗干净,再放入开水中煮过、控净水,整齐地摆在鱼泥上。

④ 将装鱼泥的原盘,上笼蒸约5分钟取出。

⑤ 净锅置火上,添清汤加热,放入盐1克、料酒10克,下鲍鱼、冬笋、火腿烧开。撇去浮沫,用漏勺捞出鲍鱼、冬笋、火腿一起放入鲍鱼壳内。

⑥ 将锅内余汤烧开,用湿淀粉勾芡,撒上青豆,放入味精,淋上鸡油,浇在鲍鱼上装盘即成。

 风味特点　摆放整齐,造型美观,乳白光润,形态优美,脆嫩鲜绵,富有营养。

芙蓉虾仁是鲁菜经典的地方名菜，属胶东风味。此菜蛋朵洁白如芙蓉，虾仁滑嫩而有弹性，青豆碧绿，色彩鲜明，滋味柔和，诱人食欲，是胶东民众在夏季经常食用的菜肴之一，也是中高档饭店常见的菜肴。

芙蓉虾仁

原料：海虾200克，食用油10克，盐5克，味精5克，料酒3克，淀粉5克，蛋清200克，香油3克，高汤6克，牛奶20克。

做法：

① 将海虾去头，虾身剥去虾壳，剔去沙线。

② 虾仁加入盐、味精、料酒、蛋清、淀粉上浆。

③ 炼锅，将油烧至三四成热将虾仁滑熟，辅料一起滑熟。

④ 蛋清加入牛奶、盐、味精、清汤、水淀粉搅匀。

⑤ 锅上火，将蛋清小火炒成芙蓉状，倒在漏勺中控净油。

⑥ 锅里加入高汤、芙蓉蛋、虾仁，加入盐、味精调味，淋香油出锅。

风味特点 色泽白中透红，虾仁脆嫩，口味咸鲜。

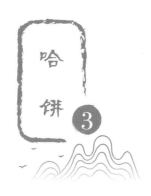

哈饼 3

　　哈饼也称"韭菜盒子"，是山东一带流行的民间传统小吃，选用新鲜的韭菜、鸡蛋、虾皮（虾米）为主要原料，加工调味制作而成。哈饼色泽金黄，香脆可口，馅料韭香鲜嫩，营养美味，好吃不腻，是一款非常受大众喜欢的食品。

哈饼

原料：面粉500克，韭菜400克，鸡蛋6个，粉丝50克，虾皮10克，花生油25克，味精2克，香油10克，盐10克。

做法：

① 在面粉中加入热水，用筷子搅拌成块状后再加冷水，放花生油，将面和成团，盖保鲜膜静置醒面20分钟。

② 将韭菜洗净切碎。

③ 粉丝用凉水泡软切小段，鸡蛋炒散后切碎。

④ 将韭菜碎、鸡蛋碎、虾皮加盐、味精、香油拌匀成馅。

⑤ 将醒好的面团搓成长条，切割成面剂后按扁。

⑥　擀成面皮后将内馅放入，将饼皮对折，并把收口捏紧。

⑦　从右向左折起花边，做成合子。

⑧　将电饼铛烧热抹一层油，放入韭菜合子煎至两面金黄至熟。

风味特点　味道鲜美，色泽金黄。

　　"半路蛙声迎步止，一荧松火隔篱明。"《月令七十二候集解》：夏至，五月中。《韵会》曰：夏，假也，至，极也，万物于此皆假大而至极也。"日长之至，日影短至，至者，极也，故曰夏至。"

　　夏至三候：初候，鹿角解。夏至一阴生，感阴气而鹿角解。解，角退落也。冬至一阳生，麋感阳气而角解矣，是夏至阳之极。二候，蜩始鸣。蜩，蝉之大而黑色者，此物生于盛阳感阴而鸣。三候，半夏生。半夏，药名，居夏之半而生，故名。

　　"冬至饺子，夏至面"，夏至这天吃面，是很多地方的重要习俗。而看似简单的一碗面，也能彰显出不同地域各自迥异的饮食习惯，比如凉面、冷面、焖面、打卤面等。

　　从芒种到夏至，是小麦丰收的时节，用新麦磨成的面粉做成面条，有尝新的意思，也有庆祝丰收的寓意。夏至吃的面也称"入伏面"，相比其他食物，有热量低、制作方便的优势，所以夏至时节，人们会把面条作为调整饮食的首选。

　　炎热的夏全，人们更喜欢清淡的饮食，认为这样可预防上火。但高温下，人体消耗大，更应该注意全面营养。没胃口时，可以试着用花生油烹饪菜肴，尤其是高油酸花生油，浓郁的香味不但可以增进食欲，而且有利于心血管的健康，对夏季养心起到很好的辅助作用。

夏至后，温度继续升高，出汗较多。中医认为，夏季体外越热，体内温度越冷。因此夏季饮食要以清泄暑热、增进食欲为目的，要多吃酸味食物以固本，多吃咸味食物以补心，多吃苦味食物以清心，不宜多吃冷食。

夏至后第三个庚日为初伏，第四庚日为中伏，立秋后第一个庚日为末伏，总称伏日。伏日人们食欲不振，比往常消瘦，俗谓之"苦夏"，山东有的地方吃生黄瓜和煮鸡蛋来治"苦夏"，入伏的早晨吃鸡蛋，不吃别的食物。

夏至这天，山东民间都要改善饮食，胶东东部都吃面条，长岛民谣："立秋饺子，入伏面。"烟台莱阳一带夏至日荐新麦，黄县（今烟台龙口市）一带则煮新麦粒吃，儿童们用麦秸编一个精致的小笊篱，在汤水中一次一次地向嘴里捞，既吃了麦粒，又是一种游戏，很有农家生活的情趣。

　　相传黄县肉盒始于明末清初。因起源于黄县，故称黄县肉盒。面皮用冷水面、烫面、油面混合调制，猪油、海米、时令蔬菜拌馅，菊花顶圆包，六面煎黄。肉多菜少，金黄不焦，馅鲜汁多，皮酥香脆。从它的做工和馅料分析，不惜如此费时、费力，加工这样一种肉盒，黄县肉盒应是富裕人家的一种美食，非大众食品。民国初期，以开设在黄城南街路东的"丰聚园"肉盒铺最为正宗，久负盛名。后黄县西大街饭店曾专设肉盒门市部加工销售。

黄县肉盒

原料：精制面粉500克，味精5克，葱姜末12克，猪肉300克，酱油15克，猪油
　　　25克，水发海米15克，香油3克，清汤100克，盐6克，鲜蔬菜750克，清
　　　油适量。

做法：

① 精制面粉50克加猪油搓成油酥面，精制面粉225克，加80℃水烫成烫面面团，剩余的225克面粉用凉水调成冷水面团。

② 将烫面团和冷水面团合一起揉匀，擀成薄长方形，油酥面团也擀成同样大小的薄长方形，摞到水面皮上，然后顺长卷成长条状，掐成30个面坯，擀成薄皮待用。

③ 猪肉海米、蔬菜切成小丁，加酱油、盐、味精、清汤、香油拌匀，再加上切成丁的海米、蔬菜和葱姜末拌匀成馅。

④ 面皮包馅，捏成菊花顶式的圆包，放到烧热且擦过清油的平锅内，煎至两面金黄色，再将肉盒竖起煎成六面方圆形，取出肉盒。平锅加入多量清油烧热，再将肉盒放入，半煎半炸至熟透即成。

风味
特点　色泽金黄，馅鲜汁多，皮酥脆清香。

技术
要领　这道名吃做工精细，用料讲究，烹制时半煎半炸，要精细操作，恰到好处。

油爆海螺 ②

油爆海螺是山东地区汉族的传统名菜，属于鲁菜系，是在油爆双脆、油爆肚仁的基础上延续而来的，是明清年间流行于登州、福山的传流海味菜肴。山东沿海盛产海螺，以蓬莱沿海产的"香螺"和烟台产的红螺为主。

油爆海螺

原料：净海螺肉400克，竹笋10克，木耳10克，香菜段5克，葱蒜各10克，盐3克，味精2克，料酒3克，香油2克，醋5克，清汤25克，淀粉5克，食用油500克。

做法：

❶ 将海螺肉片成片，竹笋切成梳子片，葱切成指段葱，蒜切成片，木耳撕成小朵。

❷ 取小碗一只，放入清汤、盐、料酒、醋、味精、淀粉、香油，兑成调味粉汁。

❸ 将海螺片入沸水锅迅速焯一下，捞出控净水。再将油烧至八成热，将海螺片入油中快速地过一下，捞出控油。

④ 锅内加底油，烧热，加指段葱、蒜片爆锅，煸炒竹笋片、木耳、香菜段，下海螺片，烹入事先兑好的调味粉汁，旺火翻炒均匀，出锅装盘。

风味特点 紧汁亮油，口味咸鲜，质感脆嫩。

手擀面 **3**

相传有一巧妇把自己捶布的枣木棒槌洗干净，用棒槌将和好的面团进行碾压滚擀成薄圆片，再用刀切成条，下锅捞出，浇上菜汤，柔滑顺口。有人问是何面？巧妇说："手擀面"。后来这项技艺传播开来，后人加以改进，演化成面条主流的做法。手擀面，其制作简便，可随吃随煮，浇菜、带汤、开卤、炸酱、麻汁均可，特别适宜小孩及老人食用，是胶东人民最普通的一种家常便餐，也是胶东人家考新媳妇的一款面食，从制作"手擀面"上可以看出新媳妇是否伶俐乖巧，所以胶东的女孩在家学的第一道面食就是"手擀面"。这样世代相传，胶东的"手擀面"就越来越精细了。

手擀面

原料：面粉500克，盐3克，碱3克，木耳50克，芸豆200克，鸡蛋2个，葱姜10克，猪肉50克，花生油25克，味精2克，味极鲜10克，盐10克，淀粉适量。

做法：

❶ 面粉加盐（3克）、碱用冷水和成面团，揉匀揉光滑，醒20分钟左右。

❷ 将面团擀制成厚薄均匀、半透明的大饼。

❸ 将面饼切成面条，撒适量淀粉。切的面条要均匀，淀粉要撒得均匀。

❹ 葱姜切末，猪肉切成小丁，芸豆切成丁。

⑤ 葱姜末爆锅，加猪肉丁炒至发白，加入芸豆末煸炒至变成翠绿色加清水烧开，加味极鲜、味精、盐调味，鸡蛋打散加入烧开即可。

⑥ 锅中加水烧开，面条散开放入锅中煮至没有硬心捞出过凉，面条盛碗中，浇上面卤。

风味特点 口味鲜香，香味扑鼻，劲道可口。

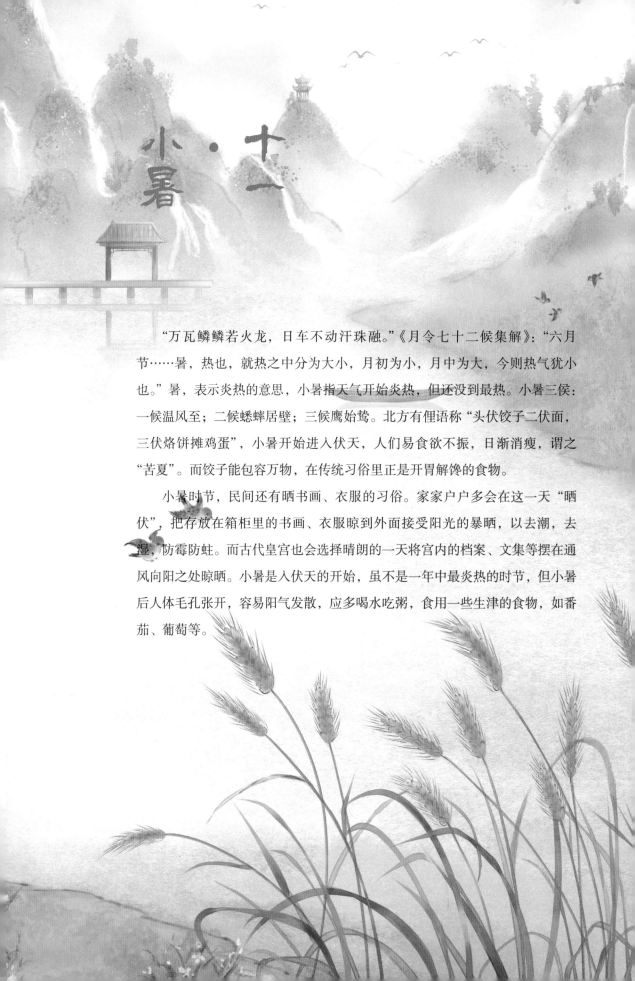

小暑·十一

　　"万瓦鳞鳞若火龙，日车不动汗珠融。"《月令七十二候集解》："六月节……暑，热也，就热之中分为大小，月初为小，月中为大，今则热气犹小也。"暑，表示炎热的意思，小暑指天气开始炎热，但还没到最热。小暑三候：一候温风至；二候蟋蟀居壁；三候鹰始鸷。北方有俚语称"头伏饺子二伏面，三伏烙饼摊鸡蛋"，小暑开始进入伏天，人们易食欲不振，日渐消瘦，谓之"苦夏"。而饺子能包容万物，在传统习俗里正是开胃解馋的食物。

　　小暑时节，民间还有晒书画、衣服的习俗。家家户户多会在这一天"晒伏"，把存放在箱柜里的书画、衣服晾到外面接受阳光的暴晒，以去潮，去湿，防霉防蛀。而古代皇宫也会选择晴朗的一天将宫内的档案、文集等摆在通风向阳之处晾晒。小暑是入伏天的开始，虽不是一年中最炎热的时节，但小暑后人体毛孔张开，容易阳气发散，应多喝水吃粥，食用一些生津的食物，如番茄、葡萄等。

拌凉粉 1

凉粉调以蒜泥、酱油、醋、香油而食，清凉爽滑，为夏季风味食品，大部分地区是指用米、豌豆或各种薯类淀粉所制作的凉拌粉，而胶东地区多用海菜制作凉拌粉，海菜经熬制凉凉成胶状凝固物，用它拌制的菜肴是暑天消暑解渴佳品，也是胶东地区夏季餐桌上常有的一道美食。

拌凉粉

原料：海菜凉粉500克，香菜50克，蒜泥50克，酱油、盐、味精、醋、香油适量。

做法：

❶ 凉粉洗净切丁，香菜切末。

❷ 将凉粉、香菜、蒜泥、酱油、盐、味精、醋、香油拌匀即可。

风味特点	质感软嫩，清凉爽滑，咸鲜可口。

三鲜疙瘩汤

②

　　被称为"亦官亦商第一人"、李鸿章"左膀右臂"的盛宣怀一生致力洋务运动。1886年，盛宣怀出任山东登莱（即烟台）青兵备道道台兼东海关监督。次年，在烟台独资经营客货海运，开辟烟台至旅顺的航线，兴办胶东第一家慈善机构"广仁堂"，烟台邮政的发祥也与他有关。盛宣怀长驻烟台六年，政声颇佳。

　　一年春天，盛道台前去烟台码头查看小火轮时淋了一场雨，发起烧来数日不退，且茶饭不思。手下请来本地最好的郎中，郎中把脉开出方子后，对道台手下耳语"这般这般"，手下旋即前往当时烟台小吃一条街——丹桂路，攥住一个做三鲜疙瘩汤的小贩说道："挑好担子，今天你的买卖我们老爷全包了，快跟我去。"小贩不敢怠慢，随即前往官府……道台厨房里，小贩开始三鲜疙瘩汤的烹制：将鸡蛋打散，一半与适量面粉搅成疙瘩，一半待用，然后取出自带的海肠子一两截、新鲜虾仁三四粒、水发木耳一朵、青椒半只、猪肉少许，统统切粒，再取五六颗飞蛤肉备好待用。锅烧热，入油，姜、蒜末爆香，猪肉粒、木耳粒、青椒粒依次煸熟，料酒、酱油烹锅后加水烧开，打入面疙瘩，搅拌三五分钟即熟，飞入蛋花，投入海肠子粒、虾仁粒及飞蛤肉，加食盐、香油调味出锅，缀以香菜末及香葱末，热气腾腾又香鲜四溢的三鲜疙瘩汤成了。疙瘩汤做毕，鲜香袅袅，道台连喝三碗，顿觉通体舒泰，当晚一场好觉，次日一早，道台大人已是无病一身轻。从此，三鲜疙瘩汤就成了盛宣怀每日必不可少的开胃小吃，胶东三鲜疙瘩汤从此闻名遐迩。三鲜疙瘩汤是胶东半岛的家常便饭，做起来各家有各家的味道。有人把百姓化的猪肉、海米和木耳当三鲜，有人扬言只有海参、鲍鱼加干贝的海珍组合才称得上三鲜，有人居中调和，说是虾仁、蛤肉和海肠子（或蛏子）也不错。

三鲜疙瘩汤

原料：面粉500克，青菜20克，盐适量，水发海参50克，葱3克，香油适量，鲜虾仁50克，姜2克，清汤适量，熟鸡肉50克，味精2克，鸡蛋50克，酱油15克。

做法：

❶ 面粉加适当清水搅成大小均匀的面疙瘩。

❷ 将海参、虾仁、熟鸡肉、青菜切成小片，鸡蛋打入碗内搅匀，葱切成豆瓣葱，姜切成末。

❸ 将海参、清汤、虾仁、鸡片、青菜、葱、姜、酱油、盐、味精一并下勺烧开，将面疙瘩下勺烧开后，撇去浮沫，将鸡蛋液淋入，待鸡蛋浮起时，加香油盛出即成。

风味特点 口味咸鲜，质软爽滑。

荷花酥 3

　　荷花酥已有一千多年的历史了，《舌尖上的中国3》在第6集的时候以"酥"为主题，介绍了闻名遐迩的荷花酥。传统的中式糕点在油的作用下，含苞待放，如出水芙蓉，层次分明，色调淡雅逼真如荷花，口感酥松香甜。

—— 荷花酥 ——

原料：中筋面粉500克，猪油200克，豆沙馅200克，低筋面粉100克，炸油
　　　适量。

做法：

① 低筋面粉加入猪油（125克）搓成干油酥面团；中筋面粉加入猪油（75克）及温水（125克）和成水油酥面团。

② 将水油酥、干油酥材料各自揉成团状，并分为20等份。

③ 将干油酥面团包入水油酥面团内，收口擀扁，擀成长方形薄片，叠折成3层，再擀成薄片，折叠成3层，再擀开、折拢，然后擀成厚薄均匀的薄片，用圆模切取20只圆形坯皮。

④ 将馅心分成20份，分别放在坯皮中心，收口捏紧，收口部位朝下放置，用刀片在顶端向4周均匀剖切成相等的5瓣，成荷花酥初坯。

❺ 把生坯分批分开排放在漏勺中，下入三四成热的油锅中，炸至花瓣开
放，酥层清晰成熟，取出装盘。

**风味
特点** 形态美观，像一朵展开的荷花，口感酥脆，香味扑鼻。

大暑·十二

"蓬门久闭谢来车，畏暑尤便小阁虚。"《月令七十二候集解》中说："大暑，六月中。"暑，热也，就热之中分为大小，月初为小，月中为大，今则热气犹大也。

大暑是夏季的最后一个节气，也是一年当中最热的一个节气。大暑三侯：一候腐草为萤；二候土润溽暑；三候大雨时行。

南宋诗人杨万里的七言绝句《夏夜追凉》："夜热依然午热同"，想不到夜晚还是和中午一样炎热，说明大暑时节的炎热不分白天和晚上。山东有"喝暑羊"的习俗，在大暑这一天，不少市民到当地的羊肉馆去"喝暑羊"。炎热的三伏天，人体容易积热，而羊肉属于发物，加入辣椒油、米醋、大蒜的羊肉汤，喝下去后起到以热制热，排汗排毒的功效。尤其是加入黑糯米醋，不但能中和羊汤的油腻和膻味，而且酸香的口感能开胃增进食欲，一碗羊汤，弥补亏空的苦夏。

暑是炎热的意思，大暑是一年中最热的节气。这个时节，肠胃的消化功能较弱，饮食应以清淡为主，不可多吃肥腻、辛辣、煎炸食物。除了多喝水、常食粥、多吃新鲜果蔬外，还可适当多食用些清热、健脾、利湿、益气等食物，如苦瓜、山药、莲藕等。

冬补三九，夏补三伏。家禽肉的营养成分主要是蛋白质，其次是脂肪、微生物和矿物质等，相对于家畜肉而言，是低脂肪高蛋白的食物，其蛋白质也属于优质蛋白。鸡、鸭、鸽子等家禽都是大暑进补的上选。

蓬莱小面 ①

　　"文登包子福山面，宁海州里喝脑饭。黄县肉盒烫面饺，蓬莱小面滑爽鲜。"蓬莱小面系蓬莱传统名吃，历史悠久，是在福山拉面基础上发展起来的一种地方名吃，因每碗的面胚只有一两，卤多面少，微与福山拉面区别，故称"蓬莱小面"。据传民国时期蓬莱人于宝善在蓬莱县城西街路北设址开店，聘衣福堂为厨。衣福堂祖籍栖霞，13岁学厨，自营过挑担拉面，与人合开过兼营小面的饭店，制作福山拉面的技术水平很高。一日，三名客商于天黑前赶到此店，想吃碗面再继续赶路，店主于宝善命速做面条三碗，无奈面条所剩无几，卤汤原料用尽，天又漆黑，上街买料也为时已晚。这下可难住了衣福堂，他左思右想，计上心来，将所剩面条分成三碗，把做菜剩下的清蒸加吉鱼拆肉，熟猪肉切丁，倒入鸡汤，加配料、作料调制好，端到客人面前，三位客商品尝后大为赞赏，称道此面为天下至味，遂邀衣福堂于桌前详细询问其制作方法，并赏银钱若干，从此衣福堂制作的蓬莱小面闻名遐迩（俗称"衣福堂小面"）。他制作的小面用料和做工极其考究，面条为人工拉制（抻面，当地俗称"摔面"），条细而韧，卤为真鲷（俗称加吉鱼）熬汤兑制，加适量绿豆淀粉，配以酱油、木耳、香油、八角、花椒等作料。每碗一两，具有独特的海鲜风味，每晨仅售百碗，以其做工考究、味道鲜美远近闻名，常有外地客商因吃不上衣福堂小面而引为憾事。中华人民共和国成立后，蓬莱大小饭店早餐多有经营，中高档宾馆亦以之待客，每晨销售量3万余碗，以蓬莱饭店和登州餐馆制作质量最好。

　　蓬莱小面之所以成为地方名吃，其主要原因有二：一是制作的面坯采用福山拉面的技法，面条筋道甘香；二是卤汁选用蓬莱沿海所产的加吉鱼为主要原料，再配以鸡汤和各种调料，滋味鲜美。蓬莱籍艺术大师臧云远先生在《中国烹饪》上撰写的回忆文章，详细地介绍了蓬莱小面："蓬莱，还有最富地方风味的蓬莱小面，这是北方常见的面食，到处有售。除了拉面拉得细而长，特点是绿豆瓷碗里面条只有1/3，卤子满满一碗，全是海味，鲜极了，还有清卤，也有浓卤，浓卤就是加上绿豆粉，打上蛋花，像羹汤……小面卤里，通常除了肉丁、海味，再加上海蛎子，就鲜上加鲜。"

────────────────── 蓬莱小面 ──────────────────

原料： 精细面粉2000克（实用1500克），碱5克，盐25克，加吉鱼1条（约1000克），鸡蛋10个，酱油100克，绍酒10克，木耳15克，八角、花椒各5克，青蒜适量。

做法：

❶ 将面粉加清水和成面团，加碱揉匀，抻面到7扣，立即甩入沸水锅内，煮熟捞到30个小碗内。

❷ 将加吉鱼处理干净，在鱼两侧剞斜刀；木耳切开洗净撕碎，青蒜切末。

❸ 锅内加水煮沸，放入鱼同煮，再加八角、花椒、酱油、盐、绍酒、木耳，待鱼煮熟时捞出，撇去浮沫，捞出八角、花椒，去鱼刺及头尾，留鱼肉。

④ 将鸡蛋磕入碗内，搅拌打匀，洒到烧沸的汤锅内，撒上青蒜末，开锅后，分别浇入面条碗内，然后再撒上鱼肉即成。

风味特点	卤宽汁多，清鲜味美，风味独特。

海鲜毛头丸子 ②

清朝莱阳籍大诗人宋琬出身于官宦之家，其父为明末进士，官至吏部郎中。宋琬自幼聪敏好学，勤奋攻读，于清顺治年间中进士，为官清廉。在莱阳，有关宋琬求婚一事，民间百姓中流传着一段有趣的故事。

宋琬少年时，其父为官清廉，虽为官宦子弟，仍衣着朴素，手不释卷，获邻家富商之女敬慕，两人私订终身。一日，宋琬随媒人一同到富商家提亲，富商不知宋琬身份，误认为是村老野夫之后，不等媒人详细介绍，便当场拒绝："一个毛头小子，既无万贯家财，又无功名利禄，想娶我的女儿，简直是癞蛤蟆想吃天鹅肉！"听此言语，宋琬犹如万箭穿心，悲痛欲绝。正在此时，富商之女托侍女送来一方手帕，上书打油诗一首："毛头小子莫灰心，状元自古出寒门。明朝定有出头日，张灯结彩迎君归。"宋琬明白心上人的一番苦心，更加勤读不辍，终于连中三元，被皇上钦点为状元。衣锦还乡这天，富商之女亲自用猪肉和粉条做成肉圆子，寓意毛头小子中状元，同宋琬一起端到父亲面前，富商羞愧难当，当场准许了这门亲事，使有情人终成眷属。宋夫人发明的"毛头丸子"也由此流传下来。

海鲜毛头丸子

原料：海参200克，牙片鱼肉200克，虾肉100克，水发粉条100克，葱姜末20克，油50克，鸡蛋120克，湿淀粉40克，鸡精5克，盐2克，生抽15克。

做法：

① 海参、牙片鱼肉、虾肉切小丁，粉条切寸段，将海参、牙片鱼肉、虾肉加入粉条、鸡蛋、湿淀粉、盐、鸡精、葱姜末、生抽，搅拌均匀成馅料。

② 锅中放油，将馅料做成丸子，放入热油中炸熟。

③ 将丸子放入大碗中加高汤及调味品，调色调味，上屉蒸至软糯。

④ 将汤汁滗入锅中烧开，调味、勾芡浇在丸子上。

风味特点　色泽明亮，口感软糯，口味咸鲜。

冰糖银耳 3

冰糖银耳汤有着很好的滋阴养血的功效，尤其是对于阴虚、血虚所导致的面色苍白、四肢无力、脸色晦暗，如果适当地吃冰糖红枣银耳汤，能滋补心血、滋阴而达到缓解上述症状、提高身体素质的功效。冰糖银耳汤还有着很好的健脾胃的功效，因为冰糖温肝和脾胃，红枣能够滋补脾经，银耳能够提供丰富的矿物质，因此对于食欲不振、消化不良的人，适当地服用冰糖银耳汤能达到增进食欲、健脾开胃的功效，是烟台人春、夏、秋三季常喝的汤类之一。

冰糖银耳

原料：银耳50克，冰糖100克，大枣50克，水适量。

做法：

① 倒入清水，将红枣去蒂清洗干净。

② 将银耳用温水充分泡发，洗去泥沙，摘除硬蒂，撕小朵。

③ 将红枣、银耳、冰糖全部放入锅内，锅内一次加足水，大火烧开转小火炖1.5小时至软烂浓稠即可。

风味特点 色泽淡黄，口味甜香，质地软烂浓稠，有补血滋阴的功效。

秋

季

篇

　　《饮膳正要》说："秋气燥，宜食麻以润其燥，禁寒饮食，寒衣服。"根据秋季津亏体燥，易致津伤肺燥的特点，秋季饮食养生宜生津润燥，滋阴润肺。常用食物：秋梨、甘蔗、银耳、百合、山药、瘦猪肉、鸭肉、牛乳、落花生、甜杏仁、苹果、蜂蜜等。宜甘寒滋润，以利生津养肺。不宜辛热香燥及炸、熏、烤、煎等食物，以免助燥伤津。

立秋 · 十三

　　"乳鸦啼散玉屏空，一枕新凉一扇风。"《月令七十二候集解》：立秋，七月节。立字解见春。秋，揫也，物于此而揫敛也。立秋是秋季的第一个节气，为秋季的起点。《历书》曰："斗指西南维为立秋，阴意出地始杀万物，按秋训示，谷熟也。"自然界中阴阳之气开始转变，作物从繁茂生长趋向成熟。

　　立秋三候：一候凉风至。立秋之后的风已经有丝凉意了，特别是傍晚的风更是秋意渐浓。二候白露降。天气是越来越凉了，在清晨的时候，因为昼夜温差大，早晨会有白色的雾气产生。三候寒蝉鸣。这个时候有蝉鸣，但是这个不是夏蝉鸣，夏蝉鸣是因为天气热，越热鸣叫越强烈，这里说的寒蝉是秋蝉，这种秋蝉鸣叫是因为天阴凉而叫。

　　晒秋：晒秋是一种典型的农俗现象，具有极强的地域特色。立秋时节，乡亲们便充分利用房前屋后及窗台屋顶架晒、挂晒农作物，久而久之就演变成一种传统农俗现象。最典型的要数江西婺源的篁岭古村，晒秋已经成了农家喜庆丰收的"盛典"，篁岭晒秋被文化部评为"最美中国符号"，更是入选2016年高考文综全国卷的地理题。

　　啃秋：民国时期出版的《首都志》记载："立秋前一日，食西瓜，谓之啃秋。""啃秋"能啃掉癞痢。朱元璋在南京定都，当上皇帝后，在老家不爱洗澡、不讲卫生的坏习惯却没改，他的手下将士还将癞痢疮带到了南京城。癞痢疮肆虐，百姓受尽折磨。有人便效仿庐州府崔相公之女食瓜让"癞痢"落疤自愈的故事多吃西瓜，结果痫痢疮果真好了。立秋日吃西瓜，流传到现在，便成了习俗。

贴秋膘：立夏时节，部分地区流行"称人"的习俗。到了立秋这天，也有称体重的习俗，会和立夏时的体重作比较。炎热的夏季，讲究饮食要清淡，体重大都要减少一点，称为"苦夏"。秋季，用味厚的食物补偿苦夏的亏空，抵御即将到来的寒冬，俗称"贴秋膘"，首选吃肉，所谓"以肉贴膘"。

谚语说："立秋三天，寸草结子。"立秋之后，作物逐渐成熟，就连一寸长的小草也开始结子。所以不要在意你做的事是大还是小，小小的一件事如果能做到极致，也会有大大的收获。秋天，天气渐渐转凉，人们往往会出现不同程度的口、鼻、皮肤等部位的干燥感，故应吃些有生津养阴滋润多汁的食品，少吃辛辣、煎炸食品。同时，中医认为，肺与秋气的关系十分密切，因此多吃有润肺生津作用的食品，例如百合、莲子、山药、藕、平菇、番茄，等等。

油爆天鹅蛋 ①

　　胶东沿海出产一种珍奇贝类，学名紫石房蛤，当地人称为"天鹅蛋"。为什么人们会给它起一个很有文化色彩的名字呢？这里还有一段美丽的传说。

　　古时，胶东沿海有一渔村，住有两个青年人，一个叫紫石房，心地善良，勤劳勇敢，水性特好；一个叫癞蛤蟆，好吃懒做，心狠手辣，无恶不作，搅得大家鸡犬不宁，但不习水性。一天，在狂风暴雨后，癞蛤蟆到海边闲逛，看见海边落下一只受伤的白天鹅，心中大喜，心想，人说癞蛤蟆想吃天鹅肉是一种梦想，今天我癞蛤蟆真的要梦想成真了。于是，忙将天鹅抱回家，烧水磨刀。正要杀天鹅之际，紫石房来到面前，一把夺下癞蛤蟆手中的刀，大声喊道："不能杀，天鹅是神鸟，杀不得。"癞蛤蟆歪着头说："我正要吃天鹅肉，你不要多管闲事。"紫石房说："杀不得，只要你不杀天鹅，你要什么我给你什么。"癞蛤蟆说："那好，不杀天鹅可以，但你得送给我一百个天鹅蛋。"紫石房救天鹅心切，就一口答应了。紫石房将天鹅抱回家，经过一个多月的精心护理调养，天鹅痊愈，紫石房把它抱到海边放飞了。白天鹅飞上天空，盘旋了三圈，大叫三声，依依不舍地向远方飞去。一天晚上，紫石房正为一百个天鹅蛋愁得一夜未眠，直到清晨才朦朦胧胧地合了一会儿眼。这时只见一位白衣素裙的美丽姑娘走来，先施一礼，称多谢恩人相救，并说："你答应癞蛤蟆一百个天鹅蛋，我回去与姐妹们商量，她们答应帮助你，三天后你约癞蛤蟆到东南海域两丈深的水中去取。"说完招了招手，便消失在晨曦中。

　　紫石房三日后便约了癞蛤蟆和几个水性好的青年，划一小船到东南海域去摸天鹅蛋。癞蛤蟆坐在船上，紫石房和几个青年潜到两丈多深的水中，果然摸到天鹅蛋，装到船上，癞蛤蟆一看这么多的天鹅蛋，得意忘形，又蹦又跳不慎踩翻了小船，船上所有的人和天鹅蛋一起翻到了海里。紫石房先把几个青年救上船，又去救癫蛤蟆，因癫蛤蟆不识水性，便一把死死抱住紫石房的双手，尽管紫石房有超人的水性，但两手被癫蛤蟆抱住，一阵挣扎后便双双沉于海底。

从此，此海域便生产出了形似天鹅蛋、口味极其鲜美的贝类。村民为了纪念紫石房的勇敢和善良，便把此贝类叫紫石房蛤，又因此贝类是天鹅蛋所变，又形如天鹅蛋，所以人们又习惯称之为天鹅蛋。

油爆天鹅蛋

原料：天鹅蛋肉200克，葱姜各10克，蒜5克，盐5克，味精3克，清汤25克，醋10克，料酒10克，湿淀粉20克，食用油50克、香油5克，油菜适量。

做法：

① 将天鹅蛋肉片开，放开水中烫一下捞出，再放入十成热油中冲熟，捞出控净油。

② 葱、姜切成丝，蒜切成米。

③ 用清汤、醋、盐、味精、湿淀粉调成汁水。

④ 净锅置火上，用葱、姜、蒜爆锅，加料酒烹调，再将天鹅蛋肉与汁水一并下锅翻炒，淋上香油，装盘，用油菜点缀装饰即成。

风味特点 色泽白亮，口味鲜美，是胶东风味菜肴。

三鲜锅贴 ②

锅贴是饺子的一种。相传在宋代鲁南地区有一位张员外，最喜欢吃饺子，每隔几天就让厨子为其包饺子吃，来了客人招待吃饺子，厨师们为了不重样，研究出许多种馅的饺子，肉韭菜馅、鲅鱼馅、羊肉芫荽馅、茭瓜馅、蛤蜊馅、芸豆馅等，并以张家能包出各种饺子而自豪。别看张员外家有田百亩，家丁上百，可他却是一位节俭人，头一天没吃完的饺子第二天要蒸一蒸再吃。有一天早上，厨师看到昨晚炸丸子剩了些油，就用油锅把前一天的饺子煎成金黄色端上饭桌，张员外喝着小米粥，吃着金黄色的饺子，感到格外可口。为什么不把饺子生着直接用油煎食呢？张员外便让厨子们用油煎饺子，他们不是煎煳了，就是外焦里生，张员外大怒，重罚了厨师。其中有一位赵大厨心想，煮饺子能熟，煎饺子为什么生呢？把煎与煮结合起来，他先将饺子用油煎，然后再放入适量的水半煮熟后，色泽金黄，外焦里嫩，张员外尝后大喜，重赏了赵大厨。因为客人来得多，往往煎不出来，便又把饺子包成约半掌的大饺子，皮薄馅大，外焦香里滑嫩。张员外的大锅贴现已闻名整个山东。

三鲜锅贴

原料：精制面粉500克，猪肉300克，水发干贝20克，水发海米50克，水发海参50克，水发木耳50克，香油25克，酱油25克，盐5克，味精2.5克，大葱20克，姜5克，清汤适量。

做法：

① 将猪肉切成小丁，葱、姜切成末，海米、海参切成小丁，木耳切成小片，干贝捏碎，先将猪肉丁加葱姜末、酱油腌渍好，再分次加入清汤搅至黏稠。然后加入味精和其他配料拌匀成馅。

② 面粉加盐，先用100克开水烫匀，再用150克凉水调制成面团，搓成细条，分成100个面坯，将面坯擀成薄皮，包入馅心，捏成月牙形状。

③ 平锅烧热，抹上油，把锅贴五个一组均匀摆入平锅内，待底面煎成金黄色时，锅内再加适量水，盖好锅盖，水煎至熟，出锅前淋上少许香油，装盘即可。

风味特点 底部色黄香脆，上部柔软白净，口味咸鲜。

扒鱼福 ③

据传西汉时，汉武帝来到登州，登州府的官员不敢怠慢，忙找来几位高厨为其操灶。几位高厨果然不负众望，每道菜品都令汉武帝赞不绝口，特别是有一位高厨做的"氽鱼丸子"，更让汉武帝非常喜欢，于是把他留在身边。有一天，这位高厨的手被割破，不能用手挤丸子了，就改用汤匙一个个挖着放入锅里，结果氽出的丸子两头尖、中间粗，酷似银元宝。为了让汉武帝改换口味，将鱼丸子改成用扒的方法制作。汉武帝一见，感到很好奇，就问厨师这叫什么菜。厨师见其形状特异，灵机一动，脱口回答"扒鱼福"。汉武帝非常高兴，就说："扒鱼福，好一个扒鱼福!"并重重奖赏了这位厨师。这就是今天烟台名菜"扒鱼福"的来历。

———————— 扒鱼福 ————————

原料：牙片鱼肉200克，葱姜汁50克，葱姜油20克，熟猪油25克，鸡蛋清100克，鲜牛奶50克，湿淀粉20克，油菜心5棵，水发香菇20克，清汤、盐、味精、香油、料酒各适量。

做法：

❶ 将鱼肉用刀剁成细蓉，加葱姜汁、清汤、盐、味精、料酒、熟猪油、蛋清、鲜牛奶打成鱼蓉。

❷ 锅内加水烧开，将鱼料子掐成直径2厘米大小的丸子，下锅氽熟捞出。

❸ 锅内加底油，用葱姜油爆锅，加清汤、盐、味精、料酒、油菜心、香菇烧开，再倒入汆好的丸子略煨，用湿淀粉勾成溜芡，淋上香油盛出即可。

风味特点 色泽洁白，清鲜软嫩，造型美观。

处暑·十四

　　"月华浑似十分圆，玉露金风处暑天。"处暑，意为出暑，表示炎热即将过去，暑气将结束。《月令七十二候集解》说："处，止也，暑气至此而止矣。""处暑天还暑，好似秋老虎"，虽然暑气即将结束，但依然高温闷热，属短期回热天气，就像一只老虎一样蛮横霸道，所以民间称这段时间为"秋老虎"。处暑三候：一候鹰乃祭鸟。处暑时节老鹰开始大量捕猎鸟类。二候天地始肃。天地间万物开始凋零；农作物成熟，进入秋收时节。三候禾乃登。"禾"指的是黍、稷、稻、粱类农作物的总称，"登"即成熟的意思。

　　俗话说"七月八月看巧云"，处暑过，暑气止，天气秋高气爽，正是人们畅游郊野迎秋赏景的好时节，"出游迎秋"成了很多人的选择。

　　对于沿海渔民来说，处暑以后是渔业收获的时节，每年处暑期间，浙江省沿海一带在东海休渔结束的那一天，都要举行盛大的开渔仪式，欢送渔民开船出海。这时海域水温依然偏高，鱼群还是会停留在近海海域，鱼虾贝类肥美。因此，从这一时间开始，人们往往可以享受到种类繁多的海鲜。

　　处暑是夏天转向秋天的转折点，饮食调养方面宜滋阴防燥、健脾祛湿，同时还要少吃辛辣食物。经过一个夏天的"煎熬"，很多人脾胃功能相对较弱，食欲不强，因此饮食上别吃口味太重的食物，也不要暴饮暴食，少吃过凉以及不好消化的食物。处暑仍然很湿热，比较适合吃健脾祛湿养胃的食物，如赤小豆、薏仁米、冬瓜、秋葵。处暑应该保持饮食清淡，合理营养。少吃辛辣烧烤类的食物，包括辣椒、生姜、花椒、葱、桂皮及酒等。处暑，是反映气温变化的一个节气。"处"含有躲藏、终止的意思，"处暑"表示炎热暑天的结束，此时正处在由热转凉的交替时期，也是各种疾病多发的时节，自然界的阳气由疏泄趋向收敛，人体内阴阳之气的盛衰也随之转换。体质较弱的公众应提前做好应对准备。进入秋季，首先调整的就是睡眠，要养成早睡早起的好习惯。

栗面饼子 ①

　　莱阳有句俗语，黄埠寨的饼子别看样。据莱阳县志记载，从前莱阳前淳于（现照旺庄镇）黄埠寨村后有一片栗子树林，每年可收获好多栗子，村民就用栗子磨成粉做成饼子，饼子又香又甜，远近闻名。

　　传说有一天，有个州官坐着八抬大轿到莱阳芦儿港看茬梨，品完莱阳梨后从黄埠村路过。正值中午，来到一大户人家吃午饭。这大户人家摆酒上菜，盛情招待州官大人。该上饭时，主人却上了一盘黑乎乎的饼子。州官看了心中不悦，饭也没吃，拔腿就走。轿夫们见大人未吃，他们也没敢吃，就顺手拿了几个饼子揣到怀里空着肚子上路了。

　　走了一程，中午天太热，轿夫肚里无食，个个汗流浃背，气喘吁吁，便请求大老爷停下吃点东西。荒山野坡哪有什么东西充饥。正在大家为难之时，一轿夫怀中拿出了几个饼子，大家抢着咬了口，谁知那饼子又香又甜，轿夫们正在争抢食饼之时，州官大人也觉得饿了，就叫衙役向轿夫要了半个饼子，州官大人咬了一口，就惊喜地说："这饼子是栗子面做的，黄埠寨的饼子样子又黑又粗，但口味特好。难得！我错怪人家了。"为了对这家主人表示歉意，州官特地写了一副对联派人送了过去。

上联：黄埠寨的饼子别看样

下联：芦儿港的茬梨甲天下

横批：莱阳二宝

后来，"黄埠寨的饼子别看样"，便成了当地广为流传的歇后语了。

栗面饼子

原料：板栗200克，面粉500克，水、油、糖、盐各适量。

做法：

① 用小磨把栗子磨碎。

② 然后跟面粉、水、油、糖、盐和在一起放进盘里发酵。

③ 就像蒸普通馒头一样把它做出来就行了。

> **风味特点**
>
> 香气四溢，入口甘甜，不仅好吃，而且营养价值和药用价值极高，它具有板栗的原汁原味、香甜可口、营养保健、特色时尚的特点。

油爆
乌鱊
鱊花

②

　　墨鱼又称乌鱼、乌贼，是我国著名的海产品之一，在沿海地区，和大黄鱼、小黄鱼、带鱼统称为"四大经济鱼类"，深受广大消费者喜爱。乌鱼性平，味咸，含有丰富的蛋白质、氨基酸、碳水化合物、维生素、多种微量元素及无机盐等，还含有多肽。多肽具有抗病毒、抗辐射的功效。含有的钙、铁、磷等，能够为人体补充所需钙及铁质，既能促进骨骼的生长发育又能预防缺铁性贫血。含有的牛磺酸，可以降低体内胆固醇的含量，起到滋补肝肾的功效，还可以提高视力及缓解身体疲劳。而且墨鱼还是一种高蛋白、低脂肪食物，是女士保持身材及美容养颜的优质食品。胶东沿海居民尤善对乌鱼的制作。

———— 油爆乌鱼花 ————

原料：乌鱼板500克，青红椒各10克，水发木耳6克，食用油8克，盐4克，味精5克，淀粉8克，料酒4克，高汤15克，香油3克，葱姜油4克，葱、蒜各适量。

做法：

① 乌鱼板去皮，洗净。

② 从乌鱼板的反面先斜刀，再直刀打成麦穗花刀。

③ 把打好花刀的乌鱼板切成4厘米长、2.5厘米宽的长条状。

④ 青红椒洗净切成菱形块，木耳洗净撕碎，葱切段，蒜切片。

烟台二十四节气
美食文化

⑤ 用高汤、盐、味精、料酒、淀粉、香油、葱姜油兑成汁水。

⑥ 锅里加油烧热，把乌鱼花在热油中冲熟，捞出控净油。

⑦ 锅里留底油爆香指段葱、蒜片，将主辅料放入锅内，倒入汁水形成包芡，快速翻炒出锅。

风味特点 色白，口味咸鲜，乌鱼脆嫩，造型美观。

辣子鸡 ③

这是烟台地区的一道传统老菜，经久不衰。做法与四川辣子鸡、临沂炒鸡有两点不同：①精选当年小公鸡，切成块之后要腌制、挂蛋黄糊，两遍油炸至外焦里嫩。②不同于四川辣子鸡"干炒"的方法，此菜炝香料头之后添清汤熬开，勾浓芡，然后下鸡块翻匀，把炝出的辣味全部融入汁中，再紧紧地裹住鸡块，吃起来外层味足、中层酥脆、里层鲜嫩，最后轻松吐出干净的骨头，着实美妙。

————————— 辣子鸡 —————————

原料：鸡腿肉350克，红椒50克，青椒40克，鸡蛋2个，干辣椒段5克，葱5克，姜5克，蒜5克，生抽10克，料酒8克，香油4克，盐2克，味精2克，清汤150克，面粉、淀粉各适量。

做法：

① 鸡腿肉洗净斩小块，加适量生抽、盐、淀粉、料酒拌匀腌20分钟。

② 挂蛋黄糊，面粉与淀粉按1∶3的比例调匀，再放入鸡蛋黄、清水调成糊状。

③ 葱切段，姜、蒜切片，青红椒切块。

④ 锅下宽油烧至七成热，下鸡块慢火浸炸至熟透，捞出后拍松鸡块，同时升高油温至九成热，再次投入鸡块复炸至外焦，捞出控油。

⑤ 锅底留油烧热，加入葱段、姜片、蒜片、干辣椒段呛出香味，烹入生抽，下清汤150克熬开，调入适量味精、盐，下青红椒块翻匀，勾浓芡后下鸡块快速翻匀，淋香油出锅入盘即可。

风味特点 咸鲜香辣，外酥里嫩，食之脱骨。

白露·十五

　　"登高何处见琼枝，白露黄花自绕篱。"白露，秋季由闷热转向凉爽的转折点。露是"白露"节气后特有的一种自然现象，古人以四时配五行，秋属金，金色白，故以白形容秋露。《月令七十二候集解》对"白露"的诠释——"八月节，秋属金，金色白，阴气渐重，露凝而白也"。白露有三候：一候鸿雁来。鸿雁等候鸟南飞避寒。二候元鸟归。燕子春去秋来，秋天了，燕子从北方飞回南方。三候群鸟养羞。百鸟开始贮存干果粮食以备过冬。白露过后，就真正进入了秋季，天高云淡、气爽风凉，民间在白露节气有"收清露"的习俗，《本草纲目》记载："秋露繁时，以盘收取，煎如饴，令人延年不饥。"因此，收清露成为白露最特别的一种"仪式"。

　　白露时节，秋风在降温的同时，把空气中的水分也吹干了，这种干燥的气候特点在中医上称为"秋燥"，很多人会出现口干、咽干、眼干、肤干等症状。值此时节，要当心"秋燥"伤人，少食辛辣，适合吃红枣、地瓜、菠菜、山药等味甘性平、补脾益气、健脾补肾的食材。白露，每年公历的9月7日前后是白露。气温开始下降，天气转凉。阳气是在夏至达到顶点，物极必反，阴气也在此时兴起。到了白露，阴气逐渐加重，清晨的露水随之日益加厚，凝结成一层白白的水滴，所以就称之为白露。白露节气已是真正的凉爽季节的开始，很多人在调养身体时一味地强调海鲜肉类等营养品的进补而忽略了季节性的易发病，给自己和家人造成了机体的损伤，在白露节气中要避免鼻腔疾病、哮喘病和支气管病的发生。特别对那些因体质过敏而引发的上述疾病，饮食调节上更要慎重。因过敏引发的支气管哮喘的病人，平时应少吃或不吃鱼虾海鲜、生冷炝腌菜、辛辣酸咸甘肥的食物，最常见的有带鱼、螃蟹、虾类、韭菜花、黄花、胡椒等，宜食用清淡、易消化且富含维生素的食物。现代医学研究表明，高钠盐饮食能增加支气管的反应性；在很多地区哮喘的发病率是与食盐的销售量成正比，这说明哮喘病人不宜吃得过咸。

烂面汤 1

　　栖霞市政府招待所——悦心亭宾馆是在牟氏十世牟镗的第八个儿子牟国珑住宅旧址上建立起来的。牟国珑何许人也？牟国珑是明朝真定府同知牟道行的孙子，清朝监察御史牟恒的八叔，进士出身，做过直隶省南宫县知县，做了四年知县，在归里之时，身无分文，多亏他教的一批学生成器，怜悯老师，捐助了一笔银两，送老师回家生活，过着"清风两袖意萧萧，三径虽荒兴自铣，世上由他竞富贵，山中容我老渔樵"的生活。

　　且说牟国珑被罢官回家后，他教的学生做了山东学政。有一次，到登州府主考，事先禀告牟国珑，要来栖霞探望老师。牟国珑虽是老师，不过是个七品县令，而省府学政，要比他的官大得多。怎么接待呢？他首先布置了一处公馆，接着又派人到乡下寻厨师，厨师的标准是不光技术要高，还要家境贫寒，是孝子，堂堂一县之城，什么样的厨师没有？他为什么偏偏下乡去寻找这样一个厨师呢？这正是他为人的杰出之处。牟国珑七岁丧母，八岁丧父，十七岁坐了三年牢狱，从小吃尽了苦头，立志读书坐官，为穷人谋点好处。后来，虽然做了官，可是官运不通，刚刚使南宫人民生活有了转机，却又罢官回家。从此以后，没有机会便罢，一有机会，总会给穷人谋点利益。大概这就是他的秉性吧！这次破例寻厨师，正是这个缘故。

　　他把寻来的厨师叫到身边亲自考察，感到完全合格，才向他交底："这次伺候学政大人，银两不多，吃的要好，你敢干吗？"厨师问清牟大人，这学政大人平时爱吃些什么？牟国珑说："哎，技巧就在这里，别看包银不多，也该你发财了。"厨师说："牟大人，小的不敢。"牟国珑说："别害怕，我急放着栖霞明厨师不用，而从乡下将你请来，你还看不出来我用意吗？"厨师心领神会，再问"学政大人所爱吃之食物？"牟国珑说："他最爱吃烂面汤，只要你顿顿让他吃上便可以了，这不正是你的机遇吗?"

厨师一合计，包银虽少，但有一半也足够了，便对牟国珑说:"牟大人，这样包银岂不是又太高了?"牟国珑说:"包银太低，岂不让人耻笑?"接着，他告诉厨师:"不必想得太多，你只管赚几个钱回家孝敬父母就是了。"就这样，厨师按照牟国珑所说，顿顿让主政大人吃烂面汤，每吃一顿，大人总要称赞一番"知我者师也。"

也许这学政大人多少年没吃上这么好的烂面汤了，这回可真大开了胃口，临走时对随从说:"这烂面汤做得真是好极了，赏厨师一个大元宝。"牟国珑一边伺候好了学政大人，一边让这个穷厨师发了一笔财，难怪这位厨师逢年过节都要到悦心亭拜望牟国珑，而且子孙后代也念念不忘牟家的恩情。

──────── 烂面汤 ────────

原料: 面条500克，猪肉200克，白菜200克，大骨汤200克，大葱15克，盐6克，味精2克，酱油25克，淀粉15克，猪油80克。

做法:

① 将猪肉洗净，切成约3厘米长、0.3厘米宽的丝，装入碗内，加入淀粉、少许盐，抓匀上浆。

② 将白菜去帮留心洗净，切成细丝，备用;葱去皮洗净切成木备用。

❸ 将锅内放入大骨汤添加少量水，烧沸后放入浆好的肉丝、白菜丝，用筷子划开，待肉丝变色，菜丝嫩熟时盛出，原锅内留汤汁，放入面条，沸煮约5分钟，待面条达九成熟时，放入猪油、酱油、盐，再煮片刻，放入肉丝、菜丝，改用小火继续煮约15分钟，至面条软烂（仍要保持面条形），撒入葱末、味精，搅拌均匀，即可食用。

风味特点 面汤清淡不油腻，都是细面，面汤看似寡淡，却是用猪骨、鳝骨、蹄髈等熬成的高汤，吃完齿颊留香不口干。

全家福 ②

　　清朝光绪十二年（1886年），王懿荣的父亲王祖源病逝于北京东安门锡拉胡同11号，王懿荣扶父枢归福山两甲坡（今古县李家村山顶北岭）安葬。其时，王懿荣之母谢老夫人在南京两江总督张之洞处，因思家心切，又在张府目睹了自己的女儿，王懿荣唯一妹妹的早逝，心情十分悲伤，便写信给王懿荣，言自己年事已高，希望能在家乡建一处宅子安度晚年，此举得到王懿荣的赞同。王懿荣变卖了古县的部分房产，又得其妹夫张之洞赞助，在福山落成了新宅。乔迁之日，王懿荣本不想打扰乡邻百姓，只安排家厨准备几桌酒席，一家人吃顿饭庆祝一下即算作罢，没想到当天前来祝贺的百姓络绎不绝，张家带来点虾仁，李家带来点贝丁，赵家送来点鱿鱼。都想借机感谢王懿荣造福桑梓的恩德。开席前，王家的厨师可作了难，来了这么多人，这酒席可怎么办？正在他们一筹莫展时，王懿荣微笑着走进厨房，说："让本官也感谢一下乡邻的抬爱吧。"他卷起衣袖，扎上围裙，指挥家厨蒸了一些黄、白蛋糕，将乡亲们送来的虾仁、贝丁、鱿鱼等烩到一处，又将原来备好的海参、猪肚等原料掺入锅中，做成一大锅热腾腾、香喷喷的杂烩大菜，亲自端菜到乡亲们中间说："借乔迁之际，能同乡亲们聚一聚，我非常高兴，送一道菜给大家，就叫它'全家福'吧。"于是胶东名菜"全家福"就诞生了。乡亲们食后都齐声叫好，一传十，十传百。从此以后，胶东民间遇有乔迁、婚娶、庆寿、百岁生日等酒席，必以"全家福"为头菜。

—— 全家福 ——

原料：水发鱼肚75克，水发海参75克，水发干贝75克，水发鲍鱼75克，水发鱼皮75克，水发鱼骨75克，水发鱼唇75克，鲜贝75克，鲜蛏肉75克，葱丝15克，蒜片8克，湿淀粉50克，清汤30克，鸡蛋清15克，清油750克，盐6克，味精4克，猪油20克，酱油5克，香菜段10克，鸡油10克，香油5克。

做法：

1. 将水发鱼肚、水发海参、水发鲍鱼、水发鱼皮、水发鱼骨、水发鱼唇均改成骨牌块，连同鲜蛏肉、水发干贝入沸水锅内透，捞出控水分，鲜贝用湿淀粉、鸡蛋清、盐上浆待用。

2. 锅内放清油，烧至五成热时，将鲜贝滑熟捞出，再烧到九成热倒入上述原料冲油。

3. 猪油下锅烧热，用葱丝、蒜片爆锅，烹入醋，加入清汤、盐、味精、酱油和过油的原料烧开，用湿淀粉勾成溜芡，撒入香菜段，淋入鸡油、香油，盛入盘中即可。

风味特点　海珍荟萃，口味鲜醇。

福山烧鸡 ③

"福山烧鸡"，以其色泽红润光亮，骨酥肉嫩味香而闻名于世，是福山著名传统菜肴之一。"福山烧鸡"有着悠久的历史。据说，从清朝道光年间就有人开始制作，清末民初已大量登市，至今国内外许多饭馆仍悬挂"福山烧鸡"的招牌。

据传，"福山烧鸡"的制作技艺，前期以福山史家庄村人史泗滨在北京东华门外开办的盒子铺"金华馆"为最高。当年，"金华馆"烹制的烧鸡、烧肉等，深得清宫末期皇室人员的青睐，常为御膳所用。二十世纪二三十年代，史泗滨从京返回故里，在福山城西门外开办"便宜坊"，便将北京"金华馆"制作烧鸡、烧肉的技艺带回了家乡，并使之广泛传播。后来，西北关村人徐培善（俗名徐二曾）师习"便宜坊"制作烧鸡的技艺，很得诀窍，加之自身的钻研摸索，从而使制作烧鸡的技术又高一步。徐家制作的烧鸡，剥毛、清脏、冲刷彻底干净，调料齐全搭配得当；以其火候适度，肉嫩骨酥，色泽光润，香味纯正，鲜美不腻而著称，并能长期保持优质本色，深得各界食客的赞赏。据说，徐家每天制作四五十只烧鸡，除供应本县外，烟台奇山所等客户也长期前来订购。除徐家烧鸡闻名外，当时东关村人姜维德（俗称姜六子）开办在福山城东门外的"聚香园"，制作的烧鸡也很有特色。

现在，"福山烧鸡"在总结前人经验的基础上，经过众多厨师的长期切磋和实践，制作技术进一步丰富和提高，更加臻至完美。"福山烧鸡"已成为中秋佳节和日常筵席不可缺少的佳肴，受到了越来越多的各方顾客的欢迎和喜爱。

福山烧鸡

原料：鸡1只（约500克），花生油250克（实用50克），葱段50克，饴糖25克，姜25克，盐20克，酱油15克，八角茴香0.5克，五香粉0.5克，高粱秸13厘米。

做法：

① 将鸡去毛去内脏洗净，剁去小腿。适量姜切片，适量葱切丝，八角茴香碾碎，与盐均匀地涂在鸡身上，腌渍3~4小时后，用洁布揾干。将鸡的两条大腿骨砸断，在鸡腹上切3厘米长小口，把鸡的两条腿交叉塞入腹内，用高粱秸顺肛门处插入，撑在鸡脯下头的软骨上。将饴糖加清水50克调匀，均匀地涂在鸡身上。

② 锅内倒入花生油，上大火烧至八成热时，将鸡放入锅内。炸至呈紫红色捞出，控净油待用。

③ 把葱、姜切成末，与五香粉调匀填入鸡腹内，把鸡放入一盘内，浇上酱油，撒上盐，上屉用旺火蒸15分钟取出，将鸡腹内高粱秸取出即可。

 风味特点　形态美观，红润露油，肉嫩味香，浓郁醇厚，酥烂鲜绵，清香可口。

"九十秋分今夜景，银色界中秋意静。"《月令七十二候集解》：秋分，八月中。秋分也是一年当中白天和夜晚长短相等的一天，有"秋分者，阴阳相半也，故昼夜均而寒暑平"的说法。过去把秋季分为孟秋、仲秋和季秋三部分，而秋分正好处在仲秋，所以用"平分秋色"来形容秋分最合适不过了。

秋分过后，白天越来越短，夜晚越来越长。气温逐渐下降，所谓"一场秋雨一场寒"。秋分有三候：一候雷始收声。古人认为雷是因为阳气盛而发声，秋分后阴气开始旺盛，所以不再打雷了。二候蛰虫坏户。由于天气开始变冷，蛰居的小虫子们开始用泥土封闭自己的洞穴，以抵御寒气的侵袭。三候水始涸。降雨量开始减少，由于天气干燥，水汽蒸发快，所以湖泊与河流中的水量变少，一些沼泽及水洼处便处于干涸之中。

秋分与春分一样，都是昼夜平等的节气，因此习俗也有很多相似的地方，比如说祭月、竖蛋等。

祭月：古代有"春祭日，秋祭月"的说法，最初"祭月节"是定在秋分这天，月亮自然是主角，不过由于天气变幻莫测，不一定都有圆月。而祭月无月则是大煞风景的。后来就将"祭月节"由秋分调至中秋，所以现在的中秋节则是由传统的"祭月节"而来。

竖鸡蛋："秋分到，蛋儿俏。"按农历来讲，"立秋"是秋季的开始，到"霜降"为秋季终止，而"秋分"正好是从立秋到霜降90天的一半。在秋分时节，我国很多地区都要举行"竖蛋"的民俗活动。人们认为春分、秋分是昼夜平衡的时候，所以鸡蛋也更容易竖立着放。

吃秋菜：同春分吃春菜一样，秋分也吃秋菜。春菜、秋菜都是一种野苋菜，采回家后一般与鱼片"滚烫"，春分就叫"春汤"，秋分就叫"秋汤"。

送秋牛：春分送春牛，秋分送秋牛。过去，耕牛作为非常重要的农事帮手，农夫会很爱惜并崇敬勤劳的耕牛。春分耕牛要开始一年的春耕劳作，而秋分要承担繁忙的秋收，所以秋分要送秋牛，祈祷丰收。

秋分还有个习俗叫粘雀子嘴，也就是吃秋分汤圆。秋分汤圆除了自己食用外，还要做一部分不包心的汤圆，用细竹叉扦着放在田间地头，以免雀子破坏即将成熟或者还未来得及采收的庄稼，这就是"粘雀子嘴"。

秋分时节，丹桂飘香，蟹肥菊黄，一派硕果累累的丰收景象。

莱阳梨膏 ①

"山东莱阳梨"因产于莱阳县而得名，它是烟台市的著名特产之一。其中莱阳慈梨，亦称茌梨，在当地已有400余年的种植历史。自古以来烟台人采摘莱阳梨鲜果，以梨木为薪，文火熬炼而成莱阳梨膏，可四时食用，膏滋养生。梨膏熬炼过程中祛除了莱阳梨中的寒性，梨膏味甘酸而平，具有清心润肺、清热润燥、养阴养血、降压等功效，适合各类人群四时食用。

古代"梨"有"礼"和"理"之意。莱阳慈梨不仅是几百年来在梨乡这块宝地上孕育出的珍品，是中华民族母慈子孝、期盼祥和的意愿象征，更是中国慈孝文化和养生文化的重要符号。

—— 莱阳梨膏 ——

原料：10斤莱阳梨，一块姜，一大把红枣，两个罗汉果，3克川贝，一大块冰糖。

做法：

❶ 莱阳梨和姜切丝，红枣去核切块，罗汉果拍碎，川贝用擀面杖擀成碎末。

❷ 所有食材倒入锅中，开大火，边加热边翻动至梨汁出现，煮开后转小火煮20分钟，煮至梨丝软烂发红，关火，稍微凉凉。

❸ 凉至不烫手，倒入纱布过滤梨汁，摒弃梨渣，梨汁二次过滤倒入锅中，大火烧开后转至中小火慢慢煮。煮至表面有密集小泡，汤汁变为酒红色关火，趁热倒入干净容器中密封保存。

| 风味特点 | 色泽酒红，香甜适口，晶莹剔透。 |

烩乌鱼蛋
2

    相传汉武帝东征平邑，鞍马劳顿一天，来到胶东海边，又累又饿，见海边渔民围着个炉子吃什么东西，就叫随从去要了一碗。武帝吃了一口，鲜嫩异常，吃了一碗，精神大振，并示意又可逐夷。后来人们把乌鱼蛋叫鲦鲮。

    乌鱼蛋是雌乌贼鱼的缠卵腺经盐腌制的一种海味品，出产于莱州、蓬莱、日照等地沿海，且质量最好。清代赵学敏的《本草纲目拾遗》中有乌鱼蛋"产登莱，乃乌贼腹中卵也"的记载。远在四百多年前，乌鱼蛋就是胶东著名的烹饪原料。清代诗宗王士祯之兄王士禄写有"忆莱子四首"，其中之一是："饱饭兼鱼蛋，清鳟点蟹胥。波人铲鳆鱼，此事会怜渠。"诗中所说的鱼蛋即乌鱼蛋。将其与海珍中的鳆鱼、蟹胥相提并论，说明时年已被视为珍品。其后，随着贸易往来，传到了京城以及内地。由于乌鱼蛋本身性质决定，故其在烹饪中主要是采用烩法制作汤羹。即将发好的蛋片放入烧沸的鸡汤内，用调料调味，勾米汤芡，盛入放有米醋的大海碗里，撒上香菜末、胡椒粉即可。成品清淡可口，甘滑柔软，咸鲜酸辣，为高级宴席中的上品。烩乌鱼蛋是鲁菜系中历史颇为久远的一道传统名菜，始于明末清初年间。日照人丁宜曾所写的《农圃便览》中记有糟乌鱼蛋法，用仅30个字，将乌鱼蛋的干品加工、菜肴制作介绍的言简意赅："先将乌鱼泡过宿，择净，晒干。临时用火酒洗过，入糟，加细盐、椒、茴末，不用香油。"用现在的说法是，将鲜乌鱼蛋用水浸泡一夜，择净杂物，放太阳底下晒干。烹调时取出一部分，用烧酒浸泡，加调料制成。因此菜以清鲜见长，故不需要加香油调味，避免影响本味。随后出版的《记海错》中也有"乌贼鱼卵片片解散，以酒柔之，亦可下汤"的载述。由此可见，以上所言之制法，就是现代名菜烩乌鱼蛋之先导。

烩乌鱼蛋

原料：乌鱼蛋300克，香菜梗10克，盐2克，味精2克，料酒10克，酱油5克，湿
淀粉30克，姜汁10克，醋20克，胡椒粉2克，鸡油15克，清汤700克。

做法：

① 先将腌渍乌鱼蛋的盐分洗去，择去外皮，用温水洗净。再放入凉水锅里
烧开，见出现裂纹时，捞出用冷水过凉。然后逐片撕开，放入冷水锅内
烧开，煮去腥味后捞出，放入清水盆里浸泡。香菜梗切成末。

② 净锅置火上，添水烧开，放入乌鱼蛋氽透，捞出控净水。

③ 净锅置火上，添清汤，加乌鱼蛋片、酱油、盐、料酒、味精、姜汁、醋
烧开，撇去浮沫，用湿淀粉勾芡，撒上胡椒粉，淋上鸡油，装入汤盘内
即成。食时加香菜末。

风味特点 汤汁稠浓油润，酸辣鲜绵清香，是山东传统风味菜肴。

枣泥月饼是闻名遐迩的中国传统糕点之一，中秋节和月饼完全联系起来，是在元末朱元璋联合各路反抗力量准备起义的时候。当时朝廷官兵搜查得十分严密，传递消息十分困难。军师刘伯温便想出一计，命令属下将藏有"八月十五夜起义"的纸条藏入饼子里面，再派人分头传送到各地起义军中，通知他们到了八月十五那天起义，各路义军一齐响应。很快，徐达攻下元大都，起义成功的消息传回，朱元璋听后高兴得连忙传令，在即将来临的中秋节，让全体将士与民同乐，并将当年起兵时以秘密传递信息的"月饼"，作为节令糕点赏赐群臣。此后，月饼制作越发精细，品种更多，大者如圆盘，成为馈赠的佳品，中秋节吃月饼的习俗便在民间流传开来。

────── 枣泥月饼 ──────

原料：中筋面粉150克，奶粉8克，转化糖浆110克，花生油40克，枧水1.5克，
      食用油90克，蛋清10克，红枣1000克，水300克。

做法：

① 大枣剪出枣肉，剪好的枣肉放入高压锅，加入水盖上锅盖，高压锅上汽后转小火，按时晃一晃，这样不会粘锅底，煮大约20分钟。

② 煮好的大枣肉，用刮刀按压成泥，放入不粘锅，加入食用油，大火翻炒，翻炒至枣泥成团即可。

③ 准备饼皮：转化糖浆110克、枧水1.5克、花生油40克混合均匀。

④ 加入150克中筋面粉和8克奶粉混合成面团，放在碗中盖上保鲜膜放入冰箱醒发1小时以上。

⑤ 取12克面皮，包入枣泥馅。包好后面皮下可以隐约看得见黑色的枣泥馅。

⑥ 将包好的月饼放入面粉中滚一下，让其表面粘满干面粉，用干羊毛刷刷掉表面的浮粉，放入模具压成月饼，放入烤盘。

⑦ 喷上一些水，然后放入预热至190℃烤箱烤5分钟后取出，用毛刷将10克蛋清蛋液刷在月饼表面，再放入烤箱，继续烤15分钟直到表面金黄即可（如果中途上色太深，可以盖上锡纸防止上色过深）。

风味特点 色泽金黄，甜软酥香。

"秋分寒露一齐收，八月中旬九月头。"寒露来临，深秋已至。《月令七十二候集解》说："九月节，露气寒冷，将凝结也。"地面的露水更冷，快要凝结成霜了。寒露是气温由凉爽向寒冷的转折。寒露过后，昼渐短，夜渐长，日照减少，热气退去，寒气渐生。寒露三候：一候鸿雁来宾。鸿雁排成一字形或人字形的队列大举南迁。二候雀入大水为蛤。雀鸟入海变成蛤蜊。古人看到海边的蛤蜊，条纹及颜色与雀鸟很相似，以为是雀鸟变成的。三候菊有黄华。菊花普遍开放。

登高是寒露节气特有的风俗，金秋时节，登高赏景，一览祖国大好河山的壮丽景色。北京人登高习俗更盛，尤其是到香山赏红叶，早已成为北京市民的重要习俗，漫山红叶如诗如画，层林尽染。

饮菊花酒：寒露三候菊有黄华。此时菊花盛开，为除秋燥，在一些地方有饮"菊花酒"的习俗。菊花酒是由菊花加糯米、酒曲酿制而成，其味清凉甜美，有养肝、明目、健脑、延缓衰老等功效，古称"长寿酒"。

吃芝麻：民间有"寒露吃芝麻"的习俗。寒露时节天气由凉爽转向寒冷，此时要养阴防燥、润肺益胃，而芝麻有补肝肾，益精血，润肠燥的功效。芝麻分白芝麻和黑芝麻，食用以白芝麻为好，药用以黑芝麻为好。

寒露时节起，雨水渐少，天气干燥，昼热夜凉。养生的重点是养阴防燥、润肺益胃。在饮食上还应少吃辛辣刺激、香燥、熏烤等类食品，宜多吃些芝麻、核桃、银耳、萝卜、番茄、茄子、牛奶等有滋阴润燥、益胃生津作用的食品。

润肺汤 ①

本药膳所取原料均是润肺养阴、健脾和胃之品，具有滋阴清热，润肺止咳的功效。还可以缓解气虚久咳，肺燥干咳，咳嗽声低，痰少不利，体弱少食，口干口渴等。烟台人多用此汤来养阴防燥、润肺益胃。

润肺汤

原料：沙参50克，玉竹、莲子、百合各25克，鸡蛋1个。

做法：

① 将沙参、玉竹、莲子、百合洗净，同鸡蛋连壳一起下锅，同炖半小时，取出鸡蛋除壳，再同炖至药物软烂。

② 食鸡蛋饮汤，可加糖调味。

风味特点 养阴防燥，润肺益胃，脾虚湿盛或实热痰多，身热口臭者不宜选用。

清蒸梭子蟹 ②

　　螃蟹，俗称梭子蟹，属于甲壳纲、十足目、梭子蟹科，是中国沿海的重要经济蟹类。最佳食用梭子蟹的时间是每年阴历的8至11月，这个时期主要是索饵肥育时期，成熟的个体在越冬前进行交配，在此过程中，雄蟹常携带雌蟹同游，这个时期的梭子蟹最肥美。"寒露发脚，霜降捉着。西风响，蟹脚痒。"清蒸梭子蟹是一道美食，主要食材有梭子蟹、生姜、香醋等。梭子蟹味道十分鲜甜，用清蒸的方式烹制更是原汁原味。此外，梭子蟹营养丰富，含有丰富的蛋白质、脂肪及微量元素，有很好的滋补作用。

清蒸梭子蟹

原料：梭子蟹1000克，姜汁一碗，盐、葱、姜、料酒各适量。

做法：

① 梭子蟹放入清水中浸泡一会儿让其吐干净。

② 用刷子刷洗干净梭子蟹的外壳，可以将螃蟹钳子绑好避免伤手。

③ 将螃蟹肚子朝上放，螃蟹壳朝上避免黄或膏流出。

④ 锅中水烧开，撒入葱、姜、盐和料酒上火蒸15分钟，再焖两分钟即可出锅。食用时蘸姜汁，风味更佳。

风味特点 蟹形完整，蟹肉鲜嫩，膏脂香鲜。

绣球干贝 ③

　　"绣球干贝"是山东传统的名贵海鲜菜。干贝是一种珍贵的海味，有"海鲜极品"之称，它是用扇贝的闭壳肌干制而成的，它是将对虾仁、猪肉制泥后掐成丸子，将搓成细丝的原料干贝滚在丸子外边，蒸熟后勾芡浇汁，其制作方法考究，成菜造型酷似绣球，洁白光亮，口感嫩爽。干贝就是鲜贝的干制品。我国沿海地区均有出产，但以山东烟台长岛所产品质最优。此菜形象逼真，有如舞龙时用的绣球，色彩鲜艳，绚丽多彩，故而得名。干贝含有蛋白质、脂肪、碳水化合物、维生素A、钙、钾、铁、镁、硒等营养元素，干贝含丰富的谷氨酸钠，味道极鲜，与新鲜扇贝相比，腥味大减。干贝具有滋阴补肾、和胃调中功能，能治疗头晕目眩、咽干口渴、虚痨咳血、脾胃虚弱等症，常食有助于降血压、降胆固醇、补益健身。据记载，干贝还具有抗癌、软化血管、防止动脉硬化等功效。"绣球干贝"选用鸡脯肉、虾肉、肥猪肉等与干贝做成丸，采取蒸法，蒸熟浇汁，其色绚丽。我国的山东、辽宁沿海地区，以烟台长岛的褚岛、俚岛和庙岛群岛为多，且品质最好。其蛋白质含量达63.7%，碳水化合物为15%，是一种高蛋白质、低脂肪的美味食品。古籍云："烹调时干贝峻鲜，无物可与伦比，食后三日，犹觉鸡虾乏味。"这道菜曾多次在国家、省市级烹饪大赛中获得金奖。这道菜具有温中补脾，开胃化痰，滋阴润燥的功效。20世纪50年代烟台店"蓬莱春"制作的绣球干贝最为有名。

—— 绣球干贝 ——

原料：水发干贝150克，大虾仁200克，猪肥肉50克，火腿10克，冬笋10克，水
　　　发香菇10克，油菜心150克，葱姜丝4克，葱姜汁6克，鸡蛋清50克，熟

花生油25克，盐4克，味精3克，料酒5克，清汤300克，湿淀粉15克，香油5克，鸡油2克。

做法：

① 干贝挤净水分搓成细丝；火腿、冬笋、香菇均切成1.5厘米长的细丝，用沸水下锅略氽，捞出凉凉，控净水分，与干贝丝拌和在一起。

② 将大虾仁、猪肥肉分别剁成细泥，放碗内加清汤、盐、味精、料酒、葱姜汁、鸡蛋清、香油搅匀，挤成直径约2厘米的丸子，放在拌和好的干贝群丝上滚匀，成绣球干贝。

③ 将绣球干贝摆盘内上屉蒸熟，取出滗净汤汁。

④ 勺内放入清汤，加料酒、盐、味精烧开后撇净浮沫，用湿淀粉勾成流芡，加鸡油少许均匀地浇淋在绣球干贝上。

⑤ 勺内放油烧热，洗净油菜心，加葱姜丝、盐、味精、料酒煸炒至熟，加香油盛出，围摆在绣球干贝周围即成。

 风味特点　其制作方法考究，成菜造型酷似绣球，洁白光亮，口感爽，鲜不腻，甘美多汁。

霜降·十八

"卷帘何事看新月，一夜霜寒木叶秋。"秋天的最后一个节气，霜降来了。《月令七十二候集解》说："九月中，气肃而凝，露结为霜矣。"天气逐渐变冷，露水凝结成霜。霜降是秋季到冬季的过渡，气温骤降、昼夜温差大。

霜降三候：一候豺乃祭兽。豺狼开始捕获猎物，先陈列后再食用。用捕获的猎物祭天以表感恩、祈祷之意。二候草木黄落。大地上的树叶枯黄掉落。三候蛰虫咸俯。蛰虫也全在洞中不动不食，垂下头来进入冬眠状态中。

俗话说"霜降吃丁柿，不会流鼻涕"，霜降时节的柿子完全成熟，个大、皮薄、汁甜，口感最好。柿子营养丰富，药用价值也高，吃柿子可以清热润肺、祛痰镇咳，还可补筋骨，是这个时节吃水果的不二选择。柿子虽好，但不要空腹吃，也不要与蛋白质含量高的海鲜、河鲜等同食。

"霜打菊花开"，晚秋时节，一丛黄菊傲然开放，凌霜飘逸，似一位世外隐士。赏菊，成为霜降这一节令的雅事。梅、兰、竹、菊四君子，向来是古代文人诗、画中最喜欢的题材，而秋菊盛开的季节，赏菊则是人们从古到今一直所津津乐道的习俗，很多地方在这时要举行菊花会，赏菊饮酒，以示对菊花的崇敬和爱戴。

霜降时节，养生保健尤为重要，民间有谚语"一年补透透，不如补霜降"，足见这个节气对我们的影响。霜降节气是慢性胃炎和胃指肠溃疡病复发的高峰期。老年人也极容易患上"老寒腿"的毛病，慢性支气管炎也容易复发或加重。这时应该多吃些梨、苹果、白果、洋葱、芥菜（雪里蕻）、栗子等。霜遍布在草木石上，俗称打霜，而经过霜覆盖的蔬菜如菠菜、冬瓜，吃起来味道特别鲜美，霜打过的水果，如苹果就很甜。古人一般秋补既吃羊肉也吃兔肉。

糖酥杠子头 ①

烟台一代面点宗师曲永伦先生糅合潍县杠子头火烧和荣成盛家火烧两种著名火烧的优点，研制出"糖酥杠子头"。一推向市场，便供不应求，大连等地的顾客专门乘船到烟台购买。该火烧曾获得山东商业厅授予的"山东省优质产品"和"中国国际美食金奖"荣誉称号，成为烟台名吃。

── 糖酥杠子头 ──

原料：面粉800克，白糖100克，花生油100克，老酵面400克，碱适量。

做法：

① 老酵面400克加适量碱，揉匀揉透，去掉酸味；面粉800克，加热水300克、花生油100克、白糖100克，搅匀拌和揉搓成面团，再将两块面团揉搓成一块面团。

② 将面团掐成20个面坯，再搓圆压成直径5厘米的圆饼，用刀在圆饼的四周均匀地砍上斜纹花刀，顶面盖上各式各样的印模。

③ 将生坯顶面朝下，装在烤盘内，放烤炉加热至贴近烤盘底的坯面上色后，再翻过来加热，直至烤熟即可。

风味特点　色泽金黄、甘甜酥香，是颇受欢迎的方便食品。

浮油鸡片 **2**

　　袁枚云："鸡功最巨，诸菜赖之。"炒浮油鸡片是胶东烟台一款极为考究的传统名菜，民国年间曾风靡港城。其肉质特别细嫩，是老人儿童的最佳用肴。该菜将鸡脯肉剁成细细的泥，加调味品搅成料子，再经油汆，烩制而成。成品洁白明亮，鲜嫩滑软。将鸡料子下油内汆成鸡片，故称"浮油鸡片"。近年来，厨师又在料泥中加入适量蛋清，使鸡片既色彩洁白，又鲜嫩饱满，更胜前者一筹。

── 浮油鸡片 ──

原料：鸡里脊肉150克，鸡蛋清150克，冬笋15克，油菜心2个，青豆8个，火腿10克，葱姜米5克，葱姜汁15克，湿淀粉20克，盐3克，味精2克，料酒5克，清汤200克，熟猪油750克，鸡油5克。

做法：

❶ 鸡里脊洗净，用刀背砸细成细蓉，加清汤、鸡蛋清、盐、味精、葱姜汁、湿淀粉搅匀，为鸡料子。

❷ 冬笋、火腿切成3厘米长、1.2厘米宽菱形片，油菜心切成小块。

❸ 锅内加熟猪油750克，烧至三成热时用手将鸡料子入油内分别吊成直径约5厘米左右的圆片，然后放温水中漂去油腻。

④ 炒锅加熟猪油20克烧至五成热时，用葱姜米爆锅，加料酒一烹，放入清汤、冬笋、油菜心、火腿、青豆、盐，湿淀粉勾成芡淋上鸡油，经大勺后，盛入盘内即成。

风味特点 色泽洁白，咸鲜软嫩。

墨鱼学名乌贼，是海洋经济鱼类之一，从其体内排出的墨汁又称墨鱼汁，这种墨鱼汁在传统墨鱼加工中通常被视为下脚料，在加工处理过程中，通常要割掉其体内的墨囊并将墨汁清洗干净。以前我国对于墨鱼汁的利用多集中在医药领域，对其食品方面的应用相对较少。但近年来，墨鱼汁在沿海地区逐渐受到关注，以墨鱼汁为配料开发出的各种食品相继推向市场，并掀起了墨鱼汁食品的消费热潮。因墨鱼汁色泽原生态，味道鲜美，口感丰富，也逐渐被国人认可，作为食材既营养绿色又环保。研究表明，墨鱼汁不仅富含蛋白质、氨基酸、矿物质等营养物质，还含有丰富的黏质多糖，其是构成人体骨骼、血管、皮肤等的重要成分。且墨鱼汁中的牛黄氨基酸能与胆固醇的分解产物胆酸结合，从而达到改善新陈代谢，降低胆固醇的目的。除此之外，中医文献记载，墨鱼汁亦具有收敛止血、固精止带、治酸定痛、除湿敛疮的功效。营养丰富，风味独特的墨鱼汁食品十分符合当下营养、健康、特色的快速消费食品发展趋势。烫面包作为一种海鲜速食面食，由胶东沿海渔家文化兴起，并迅速风靡餐饮市场，因滋味鲜美，而且营养丰富被消费者所青睐。

墨鱼海鲜烫面包

原料：面粉500克，盐6克，开水160克，冷水100克，墨鱼（大）500克，五花肉100克，葱姜米适量，韭菜300克，味极鲜、白胡椒粉、味精、白糖、香油、花生油、花椒油各适量。

做法：

① 墨鱼清洗干净，把墨囊取出备用，墨鱼肉改刀切丁，五花肉切丁加葱姜米和少许味极鲜腌制，韭菜切0.5厘米长的段备用。

② 面粉加盐搅拌，把烧开的热水分多次倒入面粉中，搅拌均匀加墨汁，加冷水和成光滑面团醒发备用。

③ 把入味的肉末加入墨鱼丁，加白胡椒粉、白糖、味精、香油、花生油、花椒油、韭菜搅拌均匀，加盐调味。

④ 把黑色的面团下剂，约10克1个，擀成薄皮，打入调好的墨鱼馅心，捏上花边入笼屉中。

⑤ 锅内加水，大火烧开，放入包好的墨鱼烫面包，大火蒸12分钟，成熟出锅即可。

风味特点　色泽黑色晶莹剔透，馅心洁白亮绿，汤汁鲜美爽口，营养丰富。

冬属水，其气寒，通于肾，主收藏，寒邪当令。这一时期，北风凛冽，大地冰封，万物收藏，人体阳偏虚，阴寒偏盛，腠理密闭，阴精内藏。寒为阴邪，易伤阳气，其性收引，凝滞主痛。有寒湿痹症、胃脘痛，特别是咳嗽、哮喘等呼吸道疾病易敏寒邪引发或加重病情。

《饮膳正要》说："冬气寒，宜食黍以热性治其寒。"根据冬季属肾，主藏精的特点，为四季进补的最佳季节。有虚劳等慢性衰弱病症者，冬季也是一年四季中最有利于通过进补治愈衰弱病症的季节。又由于冬季阳气偏虚、阴寒偏盛以及脾胃运化功能较为强健，故冬季饮食养生宜温补助阳，补肾益精。常用食物：羊肉、鹿肉、鸡肉、牛肉、虾、海参、人参、冬虫夏草、山药、胡桃仁、甲鱼、猪蹄、牛乳等。宜食血肉有情之品，以增强补益强壮的作用。宜用炖、焖、煨等加工方法，以利脾胃运化吸收。宜用热性食物，以利温补阳气。宜适量饮酒，如人参酒、枸杞子酒、三鞭酒等，以温补阳气，补益肾精。不宜食生冷寒性及滑利性质的食物，以免损伤肾阳。

立冬·十九

"冻笔新诗懒写，寒炉美酒时温。"《月令七十二候集解》说："立，建始也"；"冬，终也，万物收藏也"。冬季开始，万物进入休养、收藏状态。

立冬，意味着生气开始闭蓄，草木凋零、蛰虫休眠；其气候，风雨、湿度、气温等此时也处于转折点上，由少雨干燥的秋季向阴雨寒冻的冬季气候转变。

立冬三候：一候水始冰。水开始结成冰。二候地始冻。土地也开始冻结。三候雉入大水为蜃。大鸟入水变成大蛤。雉指野鸡一类的大鸟，蜃为大蛤。立冬后大鸟不见了，在海边可以看到外壳与野鸡的线条及颜色相似的大蛤，古人便认为大鸟入水变成大蛤。

"春生、夏长、秋收、冬藏"，冬季是享受丰收、休养生息的季节，立冬在古代民间是"四时八节"之一，在古代我国一些地方会将其当作重要的节日来庆贺。因此，民间在立冬时节，有补冬、吃饺子的风俗习惯。

补冬：按照中国人的习惯，冬天是对身体"进补"的大好时节，俗称"补冬"。补冬是中国节日饮食习俗，民间以立冬为冬季之始，需进补以度严冬。立冬意味着进入寒冷的季节，人们倾向进食可以驱寒的食物。一般杀鸡宰鸭或买羊肉，加当归、人参等药物炖食。立冬"补冬"，家家户户要熬制草根汤。

吃饺子：北方有谚语说"立冬不端饺子碗，冻掉耳朵没人管"。两头翘翘，中间鼓鼓的饺子，看起来就像人的耳朵，人们认为吃了它，冬天耳朵就不受冻。立冬是秋冬季之交，依"交子之时"的说法，得吃饺子，它也有咬破混沌天地，迎来新生之意。

立冬应养阳补肾经。立冬是初冬的开始，饮食养生以增加热量为主，要增苦少咸，不可盲目进补，最好先做引补。在食材的选择上宜少吃生冷或燥热的食物，多吃适合清补甘温的食物，应多食鸡、鸭、鱼类、芝麻、核桃、花生、黑木耳等，同时配以甘润生津的果蔬，如梨、冬枣等。

烟台民俗：北方各地均较为重视立冬节气，有吃饺子的风俗，烟台当地较为推崇在立冬这一天吃鲅鱼饺子，既庆祝节日又补益身体。

立冬，不仅仅代表着冬天的来临，完整地说立冬是表示冬季之始，万物收藏，规避寒冷的意思。立冬是十月的大节，汉魏时期，在这天天子要亲率群臣迎接冬气，对为国捐躯的烈士及其家小进行表彰与抚恤，请死者保护生灵，鼓励民众抵御外敌或贼寇的掠夺与侵袭，在民间有祭祖饮宴的习俗，以时令佳品向祖灵祭祀，以尽为人子孙的义务和责任，祈求上天赐给来岁丰年，农民自己亦获得饮酒与休息的酬劳。人类虽没有冬眠之说，但民间却有立冬补冬的习俗。

三鲜水饺 ①

　　饺子原名娇耳，相传是我国医圣张仲景首先发明的。饺子最开始称娇耳，其原因是面皮包好后，样子像耳朵，又因为功效是为了防止耳朵冻烂，所以张仲景给它取名叫娇耳。

　　东汉末年，各地灾害严重，很多人身患疾病。南阳有个名医叫张机，字仲景，自幼苦学医书，博采众长，成为中医学的奠基人。张仲景从长沙告老还乡后，走到家乡白河岸边，见很多穷苦百姓忍饥受寒，耳朵都冻烂了。他心里非常难受，决心救治他们。张仲景的药名叫祛寒娇耳汤，其做法是用羊肉、辣椒和一些祛寒药材在锅里煮熬，煮好后再把这些东西捞出来切碎，用面皮包成耳朵状的娇耳，下锅煮熟后分给乞药的病人。每人两只娇耳，一碗汤。人们吃下祛寒汤后浑身发热，血液通畅，两耳变暖。吃了一段时间，病人的烂耳朵就好了。此后，人们逢年过节就用面粉制作成耳朵的形状，煮着食用，后来有人包进了馅，慢慢形成了今天水饺的样子。

————— 三鲜水饺 —————

原料：面粉500克，盐3克，水250克，新鲜海虾100克，发好的海参100克，鲜贝丁100克，韭菜200克，葱姜末、白胡椒粉、盐、白糖、味精、蚝油、香油、花生油各适量。

烟台二十四节气
美食文化

136

做法：

① 海虾去皮、去虾线切大丁备用，海参切丁，贝丁洗净、韭菜洗净控水切末。

② 面粉加盐搅拌，加水和成光滑的面团醒发。

③ 韭菜加少许白糖、盐、葱姜末、白胡椒粉、味精、蚝油、香油、花生油搅拌均匀，加入虾丁、海参丁、贝丁搅拌均匀调味。

④ 把面搓条下剂，包入调好的馅心，入开水锅中煮熟盛出即可。

风味特点 色泽多彩诱人，汤汁浓郁，味道鲜美。

山东人对大葱情有独钟，"南甜、北咸、东辣、西酸"里的"东辣"说的就是山东人对大葱的癖好。在山东人看来，大葱的一清二白颇有君子之风，是过日子离不开的调料，更是可以烹调出阳春白雪的珍馐。源于胶东菜的名肴葱烧海参就是这么一道菜。美丽的胶东海滨，那里果香鱼肥，海产尤盛，素来名庖辈出。胶东曾经有句顺口溜："东洋的女人，西洋的楼，胶东的厨师压全球。"胶东菜口感清淡鲜嫩，意味隽永悠长，尤以烹饪当地特产的海味见长。

据说一两百年前，胶东的厨子把当地特产的海肠在大瓦片上用微火焙干后磨成粉，做菜时放进一小撮，那味道比现在的味精鲜得多。凭借着祖传手艺和这独门法宝海肠粉，当年京城的"八大堂""八大楼"几乎所有的首席厨师都是胶东人，而他们的看家菜必有一道葱烧海参。

葱烧海参

原料：水发海参1000克，盐2克，大葱100克，味精3.5克，湿淀粉10克，鸡汤700克，姜汁27.5克，葱油50克，白糖27.5克，熟猪油150克，酱油12.5克，绍酒15克。

做法：

① 将水发嫩小海参洗净，整个放入凉水锅中，用旺火烧开，约煮5分钟捞出，沥净水，再用300克鸡汤煮软并使其进味后沥净鸡汤。把大葱切成长5厘米的段（100克）。

❷ 将炒锅置于旺火上，倒入熟猪油，烧到八成热时下入葱段，炸成金黄色时炒锅端离火，葱段端在碗中，加入鸡汤100克、绍酒5克、姜汁27.5克、酱油2.5克、白糖2.5克和味精1克，上屉用旺火蒸1～2分钟取出，滗去汤汁，留下葱段备用，白糖20克炒成糖色。

❸ 猪油加炸好的葱段、海参、盐、鸡汤、白糖、绍酒、酱油、糖色，烧开后移至微火煨2～3分钟，上旺火加味精用湿淀粉勾芡，用中火烧透收汁，淋入葱油，盛入盘中即可。

风味特点　海参虽然是天然补品，但是却天性浓重，大葱恰好可以去除荤、腥、膻等异味，两者完美搭配，可以达到"以浓攻浓"的效果，以浓汁、浓味入其里，浓色表其外，达到色香味形四美俱全的效果。

八宝梨罐

3

八宝梨罐是烟台的一道地方名菜，这道菜历史久远。左懋第，烟台市莱阳人，明代崇祯四年（1631年）进士，官至兵部右侍郎兼右佥都御史，明朝著名政治家，外交家。他为人秉性刚直，敢于直陈时政弊端，力主贵粟重农，赈济京畿灾民。他的种种主张，皆被朝廷采纳。后南明王朝欲与清廷议和，左懋第持节出使北京。而清廷并无议和之心，到后即被羁押入狱。清朝统治者软硬兼施，左懋第宁死不屈，最后与随从及老仆一同在午门外从容就义，壮烈殉国。

据说，左公自幼天资聪颖，博学多才，是莱阳有名的大才子。有一年秋天，正赶上崇祯皇帝开科取士，左懋第踌躇满志，准备进京赶考。恰在此时，邻乡的一位举子因家境贫寒，得了肺病无钱医治，左公听说后，即刻送去银两救助，不曾料到自己亦被感染，回来后一病不起，咳血不止。眼看大考之期将到，左懋第心急如焚。一天夜里，他好不容易爬起床，来到屋后花园，不免黯然神伤。忽然，一位鹤发童颜的老者来到跟前，笑微微地对他说："你不必难过，老夫有一偏方可治你的病。"左懋第一听，欣喜若狂，连忙跪在老人脚下，恳请老人相助。老人从怀中掏出几颗莱阳梨，"此梨有开胃、消食、化痰、清肺、止咳之功效，正好能治你的病，你一天啖食两颗，一月之后即可痊愈。""可离大考之期只有一月有余了！""老夫自有办法，三天后仍在这里相见。"说完老人就不见了。左懋第回到家中，将信将疑，拿出老人送的梨吃起来，果然三天后就有些力气了。到了第三天晚上，老人又准时来到左家屋后花园，手中提了一个罐子，老人说："带上这个，后天你就可上路了，每日可啖两颗，到北京时不愁你的病治不好。"左懋第打开一看，全是去核的莱阳梨还加了山楂糕和各种各样的润肺水果。左懋第又跪倒在老人的脚下，"滴水之恩当涌泉相报，请老人家留下尊姓大名，以便将来报答！"老人说："告诉你也无妨，实不相瞒，老夫就是你们莱阳传说中的'梨树王'！我看你心怀仁慈，又学富五车，将来必是国家栋梁之材，特来襄助，希望你不要辜负了老夫所望，好自为之！"说完后老人飘然而去。三天后，左懋带上老人赠送的梨罐上了路，走到北京刚好吃完，病也痊愈了。他抖擞精神，笔下生花，高中进士，成了有名的大忠臣。后辈的莱阳厨师们听说了这个故事，就发明了"八宝梨罐"这道菜。

八宝梨罐

原料：梨1800克，糯米100克，橘饼50克，桂圆肉50克，山楂糕50克，青梅50克，红枣（干）50克，西瓜子仁30克，白砂糖100克，桂花酱8克，猪油30克，红绿丝适量。

做法：

① 梨削去外皮，按梨的高度在梨头切下1/4，作盖，去掉梨把儿，用小刀挖出梨核，使梨肉壁厚1厘米，成为罐形。

② 将梨用开水稍烫一下，控干水分。糯米用清水淘净放入碗内，加清水150毫升，放入笼内蒸20分钟，至八成熟时取出。

③ 橘饼、桂圆肉、红枣（去核）、山楂糕、青梅40克均切成0.7厘米的方丁。

④ 将各料丁用沸水焯过，捞出沥干水分，装在碗内。再加入蒸过的糯米和白砂糖、桂花酱4克、西瓜子仁、熟猪油搅拌均匀成馅。将馅装入梨罐内，盖上盖，青梅10克切成条插入上端做梨把儿，装大盘内，入笼用旺火蒸15分钟取出，撒上红绿丝。炒锅内放入清水50毫升、白砂糖、剩余桂花酱，旺火烧沸成汁，浇在梨上即成。

> **风味特点**
>
> 八宝梨罐融多种水果为一肴，清脆爽口，香甘味美，甜中略酸，香中凉爽，适宜夏秋季宴席，能防暑热，振食欲，并有润肺养颜、止咳化痰的功效。

小雪·二十

"千里黄云白日曛，北风吹雁雪纷纷。"《月令七十二候集解》："十月中，雨下而为寒气所薄，故凝而为雪。小者未盛之辞。"小雪是反映降水与气温的节气，意味着天气会越来越冷、降水量渐增。小雪三候：一候虹藏不见。由于彩虹是在雨后才出现，小雪节气雨遇寒凝为雪，所以看不见彩虹了。二候天气上升地气下降。阳气上升，阴气会降，导致天地不通，万物没有生机。三候闭塞而成冬。天地闭塞而转入严寒的冬天。

小雪是一个有转折性的节气，寒潮和强冷空气活动频繁，北方飘雪，南方变冷，习俗也多以美食为主食。烟台有"冬腊风腌，蓄以御冬"，小雪后气温急剧下降，天气变得干燥，是加工腊肉的好时候。另外，小雪也是适宜制作腌菜的节气，人们通常会在这一天开始腌制大白菜、雪里蕻等。

做腌菜：俗话说"小雪腌菜，大雪腌肉"，很多地方有小雪腌菜的习俗。这是因为小雪开始气温越来越低，并且还会出现霜降天气，经过霜打以后的蔬菜更甜，用它来做咸菜，甜会转化成鲜味，所以这个时候做的腌菜口味是最好的。

小雪重在温肾阳，小雪的时候要养好肾，这样第二年阳气才长。小雪宜吃的温补食品有羊肉、牛肉等。多吃的益肾食品有黑豆、山药、栗子、白果、核桃等。但进食热量过高过补的食品容易导致胃、肺火盛，出现口干、便秘、咽疼等上火症状。所以小雪时节在吃补益食品的同时，还要进食一些性冷、润肠、清热、生津的食品，如萝卜、白菜等。这里重点介绍烟台的名吃。

韭菜炒
海肠 ①

相传很久以前，生活在烟台芝罘岛上的渔家年三十做的大菜叫"长久有余财"，寓意来年有更大的收获。实际上是"肠韭肉鱼菜"的谐音，其中所用的韭菜、猪肉、海鱼都是普通食品，而所用之"肠"则是胶东极为讲究的鲜品原料——海肠子。海肠子，学名螠虫，属星虫类软体动物，因形似蚯蚓，犹如鸡肠，故得名。它是胶东特有的海产，食用历史超过五百多年。清代诗宗王士祯的外甥女婿赵秋谷，曾写有食海肠诗："赵国佳人空有舌，秋风公子尚无肠，假令海作便便腹，尺寸腰围未易量。"及其后，胶东沿海不仅鲜品制肴已成常法，而且还将其晒干用于储存和烹汤。郝懿行的《记海错》里说，（海肠）或去其血阴干，其皮临食，以温水渍之，细切下汤味亦中啖。民间传说，明清年间京城胶东籍的厨师菜味做得好，原因之一就是偷偷往做好的菜里加海肠粉。过去没有味精，而海肠又特别的鲜，看来传说和记载还是相吻合的，有一定的事实根据。用初春头刀韭菜配着旺火快速炒食，味道特别鲜美。清末民初年间，此菜是烟台餐饮老店公和楼的名菜之一。

海肠子冬末初春季节体质肥美，清鲜异常，可做许多名贵菜品，如"汆海肠子""烹海肠子""干焙海肠子"等，都是脍炙人口的季节性风味菜肴。

———— 韭菜炒海肠 ————

原料：海肠子500克，韭黄100克，盐2克，味精1克，料酒10克，酱油5克，熟
　　　猪油50克，香油10克。

做法：

① 将海肠子两头剪掉，刮净内脏，洗净泥沙，切成5厘米长的段。

② 净锅置火上，添熟猪油烧至十成热时，放入海肠子一冲，捞出控净油。

③ 净锅置火上，加底油烧热，放入韭黄、海肠子略炒，再加料酒、盐、味精、酱油翻炒，急火快炒，断生淋上香油装盘即成。

风味特点 紫红光润，脆嫩清咸，鲜美异常。

扒贝脯 2

　　扒贝脯是一道美味营养的胶东海鲜名菜品，其色泽洁白如玉，质感滑嫩，营养丰富，老少皆宜。贝类软体动物中，含一种具有降低血清胆固醇作用的代尔太7-胆固醇和24-亚甲基胆固醇，它们兼有抑制胆固醇在肝脏合成和加速排泄胆固醇的独特作用，从而使体内胆固醇下降。它们的功效比常用的降胆固醇的药物谷固醇更强。人们在食用贝类食物后，常有一种清爽宜人的感觉，这对解除一些烦恼症状无疑是有益的。此菜制作工艺要求较高，选用没吃浆的鲜贝丁，一般在胶东地区的高档酒楼和星级饭店才有售。

扒贝脯

原料：鲜贝丁500克，油菜心50克，鸡蛋清、盐、鸡精、料酒、水淀粉、葱姜水、香油、食用油、高汤各适量。

做法：

❶　将鲜贝丁剁碎成蓉状，放入器皿内加入鸡精、鸡蛋清、葱姜水、盐、料酒，顺时针方向搅拌制成馅。

❷　锅内加油，将搅匀的馅挤成丸子，逐个放入锅内，点火加热，待丸子漂起来即可捞出，放入热水中漂去油分。

③ 坐锅点火倒油，油热倒入油菜心及调料翻炒，装入盘子内摆好。

④ 锅内留余油，油热爆锅，加入盐、葱姜水、高汤、丸子略煨，用水淀粉勾成扒芡，淋入香油即可出锅倒入装有油菜的盘子里。

风味特点 色泽洁白如玉，口味咸鲜，质感滑嫩。

爆大虾 ③

对虾主要分布于黄海、渤海、南海北部及广东中西部近岸水域，为海中珍品，体色呈青蓝或棕黄，肉嫩色白，质肥鲜美，质量以渤海湾中的登莱沿海所产为最好。渤海湾素有"对虾故乡"之美誉，自古就以烹制虾肴而名扬天下。

杨朔是山东省蓬莱市人，我国著名散文家。他的散文写得很美，富有诗的意境，有多篇佳作被选入中学语文教材，拥有众多的读者。20世纪50年代初，杨朔回蓬莱故里，家乡人就是用肥美的对虾治馔款待他，给杨朔留下深刻的印象，以至于在他写的散文名篇《海市》中作过生动描述："最旺的渔季自然是春三月……大对虾也像一阵乌云似的涌到近海，密密层层。你挤我撞，挤得在海面上乱蹦乱跳……一网一网往海滩上运，海滩上的虾便堆成垛。渔民不叫它是虾山，却叫作金山银山。这是最旺的渔季，也是最热闹的海市。"渤海湾所产对虾个大肉厚，最宜用煮、蒸、烧、爆法成菜，带壳用盐水卤煮，佐以姜、醋食之，味道极佳。此外还可用炒、煎、炸、熘、烹、烤等技法烹制。其代表名菜"爆大虾"，以爆的技法成菜，拼装于盘中，对对相映成趣，火红似石榴熟透，肉质细嫩鲜美，令食者大饱眼福口福。20世纪50年代前后，我国四大名旦之一尚小云到烟台演出时，对当时烟台名店"蓬莱春"所制"爆大虾"极为嗜好，屡屡到此设宴，并言传他人，"爆大虾"便更加名噪一时。

爆大虾

原料：大虾600克，食用油10克，盐4克，味精5克，料酒3克，白糖5克，香油5克，清汤、葱姜丝适量。

做法:

① 大虾剪去虾须、虾腿、虾枪,剔去虾线。

② 锅内倒油,葱姜丝爆锅,烹入料酒,加虾脑炒红,下大虾炒至变色,再加清汤、白糖、盐、味精烧开,转慢火煨爆,待汁成浓汁时把大虾摆盘内,将浓汁淋上香油浇在大虾上。

风味特点 色泽红润,咸鲜香甜。

大雪·二十一

　　"忽如一夜春风来，千树万树梨花开。"《月令七十二候集解》："大雪，十一月节。大者，盛也。至此而雪盛矣。"有人说是"时雪转甚，故以大雪名节"，也就是雪下得大了，因此以大雪来命名。

　　大雪三候：一候鹖鴠不鸣。因为天气寒冷，寒号鸟也不再鸣叫了。二候虎始交。老虎开始有求偶行为。大雪是至阴的节气，所谓"反者道之动"，至阴之中也蕴含着阳的种子，这是古人阴阳转换的观念。作为猛兽之王的老虎，感受到天地间些许萌动的阳气，开始有了交配的行为。三候荔挺出。荔挺为兰草的一种，它们也感到阳气的萌动而抽出新芽。

　　大雪意味着降雪更频、更大，天气会越来越冷，大雪节气的到来不仅衍生了许多有趣的户外活动，也丰富了人们的生活饮食。

　　做腌肉："小雪腌菜，大雪腌肉"，大雪节气的风俗之一就是腌肉。"未曾过年，先肥屋檐"，到了大雪节气，老百姓的门口、窗台都挂满了腌肉、香肠，形成了一道亮丽的风景。大雪节气一到，家家户户都要忙着腌制"咸货"。无论是家禽还是海鲜，用传统的制作方法，将新鲜的原料加工成香气逼人的美食，以迎接即将到来的新年。

　　观赏封河："小雪封地，大雪封河"，"北国风光，千里冰封，万里雪飘"，大雪时节，北方出现银装素裹的自然景观，南方也有"雪花飞舞，漫天银色"的迷人图画。到了大雪节气，河里的冰都冻住了，人们可以尽情地滑冰嬉戏。

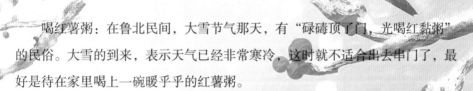

　　喝红薯粥：在鲁北民间，大雪节气那天，有"碌碡顶了门，光喝红黏粥"的民俗。大雪的到来，表示天气已经非常寒冷，这时就不适合出去串门了，最好是待在家里喝上一碗暖乎乎的红薯粥。

　　大雪是"进补"的好时节，俗话说"三九补一冬，来年无病痛"。此时宜温补助阳、补肾壮骨、养阴益精。冬令进补能提高人体的免疫功能，促进新陈代谢，使畏寒的现象得到改善。冬令进补还能调节体内的物质代谢，使营养物质转化的能量最大限度地贮存于体内，有助于体内阳气的升发。所以有"冬天进补，开春打虎"的说法。冬季食补应供给富含蛋白质、维生素和易于消化的食物。

　　大雪应温补避寒。俗话说，大雪的时候如果滋补得当，那么一年都不会受寒。注意，滋补不要随意服用，更不要滥补。饮食应以调理肺胃为主。可多吃鸡肉、鹌鹑、墨鱼、章鱼、北芪、党参、熟地、黄精、枸杞子、芋头、花生等食物或药食两用之品。另外，因为大雪时节降水较少，天气干燥，易伤津液，宜多食新鲜蔬菜、水果，如苹果、冬枣等以生津润燥。大雪，是表示这一时期降大雪的起始时间和降雪程度！它和小雪、谷雨等节气一样，都是直接反映降水的节气。此时，我国北方患感冒人较多，如能服点大雪顺安养生汤，对抵抗寒邪袭之体表、口鼻很有益处。

憋辣菜

芥头俗称疙瘩，多用于腌制咸菜，因其肉质结实，便于存放，烟台地区居民冬季几乎家家都有存放。相传明末年间，胶东有一位段老汉，种半亩疙瘩菜地，兼酿醋和制酱作坊，老伴在家腌疙瘩丝出售，因老伴年逾六十，手无劲力，切疙瘩丝便成为一件难事。一日，干木匠的妻弟来段家串门，见老姐姐手腕疼痛，便回家为姐姐做了一个木柄铜孔的"擦铳"，拿来一试又省力又出活，一筐子芥头一阵子就擦成了丝。段老夫妇十分高兴，可又因擦丝太多，一时腌不了，就找了一些盛醋的坛子装进去，压紧封口存放。不想，第二天一开坛口，一股辣味扑鼻而来，拿来一尝，辣味冲鼻，清脆爽口。段老汉大喜，让老伴打开坛子，分送给邻居尝鲜，左邻右舍都称好吃。从此，这段家酱园又多了一种咸菜，即"憋辣菜"。因辣菜不宜久存，段老汉便让儿子挑上担子沿街叫卖，从此憋辣菜便家喻户晓，并流传至今。

——————————（ 憋辣菜 ）——————————

原料：芥头1000克，盐50克，醋200克，白糖100克，苹果片3块，味精适量。

做法：

❶ 芥头洗净，用擦铳（锉丝器）迅速将芥头锉擦成丝，放入坛罐加醋拌匀，然后放入3大块苹果厚片压起来，即封上坛口，憋72小时以上，风味更佳。

② 取出部分"辣菜"（余下的继续封口保存），加盐、味精、糖调味食用，或加香油拌食。

风味
特点 辣菜脆爽清口，辣气冲鼻，多食则眼泪即下。

进士猪蹄 ②

　　传说福山城南有一村庄，村里有一户人家，家里有一个小孩，名叫孙遇，从小聪明伶俐。三岁时，就能背诵古诗；十一岁时，就能作诗。有一次，村里贴出告示，孙遇读起来朗朗上口。下乡的官员看到后，对他赞赏有加，就推荐他去县城读书，后中秀才。孙遇，勤奋好学，有过目不忘之特长。宣德十年（1435年），参加乡试，高中举人，之后便进京赶考。进京前，母亲为了让儿子考取功名，一大早便去了当地有名的寺庙——峪炉寺拜佛，保佑儿子能高中。回来的途中，碰见一卖肉的，卖肉的一看见她，便问："大嫂，您还认识我吗?"孙遇的母亲摇摇头说："不认识。"这时候卖肉的说，"去年冬天我卖肉经过您家门口，又饥又渴，便敲门想讨口水喝，您不光给了我水喝，还给了我一碗热乎乎的暖心面。"这时，孙遇的母亲想起来了，说："哦，是你啊。"两人在谈话中，卖肉的得知孙遇的母亲此次出行是来拜佛，祈求儿子能考取功名的，于是拿出两只猪蹄，想送给孙遇的母亲，孙遇的母亲再三推脱。这时，卖肉的说，"我送您的猪蹄不是一般的猪蹄，是上好的前蹄，寓意前进、步步高升、直奔主题（猪蹄的谐音），您儿子吃了这个猪蹄后一定会高中。"孙遇的母亲听后十分欣喜，便收下了猪蹄。

　　孙遇进京赶考前，吃了母亲做的猪蹄后，果真中了二甲进士，成为福山明朝时的第一个进士。此事在民间广为流传，大家都纷纷效仿。说来也怪，明清时期，福山出过七十五个进士。孩子考试吃猪蹄便成了当地的一种习俗，流传至今，寓意"啃书本、奔主题、金榜题名"。

进士猪蹄

原料：猪蹄4个，姜片、葱、蒜、八角、桂皮、酱油、盐、味精、冰糖各适量。

做法：

① 先用开水汆烫猪蹄，然后用凉水冲净泡沫入锅。

② 锅中放入开水，再加酱油、盐、味精、姜片、葱、蒜等辅料与猪蹄一起旺火煮约20分钟至熟软；改小火，慢炖约90分钟，猪蹄熟后捞出，再把汤煮约20分钟入盆，撇净浮油凉透成冻即食。

> **风味特点** 色泽红润，香气浓郁，咸鲜适口，熟烂软糯。

YRD261
名称：董记猪蹄

萝卜丝饼 3

　　《天下第一楼》一书中，有一段关于萝卜丝饼的描写，说这个萝卜丝饼，看着萝卜丝丝相连，其实又入口即化，描述了萝卜丝饼这道点心的美味，后来《天下第一楼》——全聚德胶东籍的厨师，将此饼的做法传到了胶东，因许多知名人士都好这一口，所以很快就传遍了胶东大地，此饼也成了胶东风味的名小吃。

———————— 萝卜丝饼 ————————

原料：面粉500克，青萝卜1000克，火腿100克，韭菜100克，花生油25克，盐5
　　　克，味精5克，姜丝适量。

做法：

① 把萝卜洗净后，切成细丝，放在沸水里焯一下，捞出后挤干水分，火腿切成细丝，韭菜切成段。

② 把切好的萝卜丝、火腿丝、韭菜段放入盆内，再加盐、味精、花生油、姜丝调味拌匀成馅。

③ 将面粉加少许盐，用开水烫制三分之一，余下用冷水调制成团，揪成大小均匀的剂子，然后放入油盆中浸泡两个小时。

④ 将面剂擀成长方形，包上馅心，制成圆形饼，电饼铛预热180℃，将生坯入电饼铛中烙至两面呈金黄色取出装盘即可。

风味特点 色泽金黄，咸鲜适口。

冬至·二十二

"葵影便移长至日，梅花先趁小寒开。"一年当中白天时间最短、黑夜最长的一天到了。冬至这天，太阳光直射南回归线，北半球的太阳高度最小，是北半球白昼达到最短、黑夜最长的日子。冬至，是二十四节气中最早制定出的一个节气，早在两千五百多年前的春秋时代，我国已经用土圭观测太阳测定出冬至来了。

《月令七十二候集解》："冬至，十一月中。终藏之气至此而极也。"冬至三候：一候蚯蚓结。许多蚯蚓交缠在一起，结成块状，缩在土里过冬。传说蚯蚓是阴曲阳伸的生物，此时阳气虽已生长，但阴气仍然十分强盛，土中的蚯蚓仍然蜷缩着身体。二候麋角解。麋与鹿同科，却阴阳不同，古人认为麋的角朝后生，所以为阴，而冬至一阳生，麋感阴气渐退而解角。三候水泉动。由于阳气初生，所以此时山中的泉水可以流动并且温热。

冬至，既是二十四节气中一个重要的节气，也是中国民间的传统节日。冬至是四时八节之一，被视为冬季的大节日，在古代民间有"冬至大如年"的讲法。冬至习俗因地域不同而又存在着习俗内容或细节上的差异。

吃水饺："冬至饺子夏至面"，在我国北方的许多地区，每年冬至日都有吃饺子的习俗。相传东汉末年医圣张仲景告老还乡时看到老百姓挨冻受饿，耳

朵都冻烂了，便用羊肉和一些驱寒药材用面皮包成像耳朵的形状，做成一种叫"驱寒娇耳汤"的食物给百姓吃，人们吃下去后浑身发热，血液通畅，两耳变暖，被冻烂的耳朵变好了。后来每逢冬至，人们便模仿做着吃，形成了习俗，至今民间还流传着"冬至不端饺子碗，冻掉耳朵没人管"的民谚。

祭天祭祖：冬至是时年八节之一，先民们自古以来就有在冬至祭祀祖先的传统，以示孝敬、不忘本，有的地方也祭祀天地神灵。冬至被视为冬季的大节日，古时候，漂在外地的人到了这时节都要回家过冬节，所谓"年终有所归宿"。在我国南方部分地区广泛流传着"冬至大如年"的讲法，冬至一到，新年就在眼前，很多地方至今仍保持着冬至祭天祭祖的传统习俗。

冬至开始数九，要进入到全年最冷的三九天气，要围绕保护身体的阳气来合理搭配蔬菜、肉、果、谷等。要多吃坚果，因为坚果属热性，可补充热量御寒。

烟台民俗：民间有"十月一，冬至到，家家户户吃水饺"的说法，冬至这一天应吃水饺。

白菜水饺 ①

山东是饺子的重要发源地，在清朝年间，各类饺子店铺遍及胶东半岛，烟台、青岛、淄博、济南、北京以至于整个北方地区对饺子都有偏爱。特别是白菜水饺，尤为出名。郑板桥为白菜饺子封了"馅儿孙"的雅号，山东一带世代传承。

—— 白菜水饺 ——

原料：面粉500克，猪肉馅250克，白菜300克，葱姜末各20克，木耳适量，酱油25克，香油3克，盐5克，味精2克，胡椒粉2克，花生油25克。

做法：

① 白菜择好，洗好，切好，放到盆里。再调面，把面调好后，放到一边醒好。

② 猪肉馅加葱姜末加酱油、香油、盐、味精、胡椒粉、花生油腌制入味。

③ 将肉馅和白菜、木耳调成馅料。醒好的面，搓条，下剂，擀皮，包馅成饺子。

④ 锅中加水烧开，将饺子下锅煮制成熟。

风味特点

皮薄馅大，口味咸鲜，饺子薄而透明的面皮，细细一嚼，汁水鲜甜四溢，鲜香冲入口腔。

扣肉 ②

　　扣肉就是在蒸好肉的碗上，放一个比肉碗大的空盘，双手抱紧，把肉碗和空盘翻个，肉被扣进空盘里，故称扣肉。此菜是胶东人年节、喜宴、招待贵重客人必须有的一道菜。旧时宴席讲十大盘八大碗，其中一碗即扣肉。

　　扣肉的特色是有猪肉皮，胶东人称"连皮肉"，爱吃瘦肉的一般选猪大腿，称"肘子腱肉"；爱吃肥瘦相间的一般选猪脸；爱吃嫩香的一般选猪肚皮肉，称"五花肉"。其制作工序多，首先是煮，将肉放锅里煮，煮至半熟捞出控干凉透，煮一是为了脱脂，二是为下一道工序打基础；其次是炸，先将煮肉切成方块或圆形，以碗能装下为宜，将带皮的一面抹上糖、蜂蜜、香油，放热油中炸，炸至蜂蜜、糖和香油浸入肉皮，肉皮呈红色；再次是蒸，将肉的内肉，用刀切至薄薄的片，刀不能切破肉的外皮，而后整体放至碗里，皮在碗底，肉在上面，将葱花、姜末、花椒、大料、盐、酱油撒在上面，放锅里蒸熟，上桌时肉碗往空盘里一扣，一盘美丽且香喷喷的扣肉就成功了。吃时，主人用筷子轻轻一抖，蒸的熟猪皮紧连内肉，化为一片片肥瘦一体的扣肉片。

　　此菜美观好看，那扣在上面的肉皮，如同一个大蘑菇，红彤彤、油汪汪、颤悠悠。而且肉香特殊，由于采用煮、炸、蒸多道程序制熟，吃之既有红烧肉的味道，但不像红烧肉那样油腻；既有东坡蒸肉的味道，又多了一层皮的红烧香气。脱脂后的烧肉，不油不腻，香气四溢。还肉烂如腐，经过煮、炸、蒸三道程序的热化，扣肉其烂如泥，几乎用筷子夹不起来，大有"马尾拴豆腐——提不起来"之状，放口中不用牙嚼，用舌头轻轻一抿，即可下肚。有人说，扣肉同外埠红烧肘子，其味道相近，我吃之比较，红烧肘子皮烂肉不烂，特别是腱子肉，一丝丝难以咬断咽下，而且肉味少五香，也许是少了一道蒸的工序。特别是上了岁数的庄户老年人，吃扣肉最喜欢吃扣皮肉，有糖和蜂蜜的甜，有皮的软烂柔绵，有皮下脂肪的香，可说是"吃不够"。我的父亲九十高龄时，还天天馋扣肉，当时市场没有卖的，家里又不能天天做，只好到卖肉处割些煮得糜烂的猪皮，回家再加上花椒、大料、葱姜等放锅里蒸，味同扣肉。孩子们说：吃肥肉，容易"三高"。家父却说，中医讲辨证，吃肥肉有害也有利。猪油炼后凝结的称脂肪，未凝结的称膏油，两者统称脂膏。肥肉润肠通便，尤其是老年人，运动少，易便秘，适量食些肥肉有益处。而脂膏可解地胆、亭长、野葛、硫黄等毒，还可解各种肝毒。利于调养胃肠，通小便，治五疸水肿，生毛发。破冷结，散瘀血，养血脉，散风邪热，润肠。若作手膏涂手，可使皮肤不皲裂。

扣肉

原料：带皮五花肉750克，料酒20克，味精10克，植物油1000克（耗25克），
　　　蜂蜜5克，绵白糖50克，大葱白2段，鲜姜2片，酱油2.5克，花椒、八
　　　角、桂皮、盐、清汤各适量。

做法：

❶ 炒锅置小火上烧热，放少许油及绵白糖，炒至猪血红色时即成糖色。

❷ 用铁筷将肘子叉起，在火上烧带皮的一面，待烧至皮面有一层焦糊后，放入八成热水中泡透。捞出用小刀刮净焦糊，见白色为止，再放入清水盆内，用小刷子刷洗干净。将肉的边缘截去，再用冷水煮至七成熟，凉凉抹上蜂蜜、酱油、糖色待用。

❸ 把炒锅置旺火上，放入植物油烧至八成热时，将肉皮朝下沿锅边放入油锅内炸，待皮炸至起小泡呈微红色时捞出。

④ 将肉的内肉，用刀切成薄薄的片，刀不能切破肉的外皮，然后整体放至碗里，皮在碗底，肉在上面，将葱段、姜片、花椒、八角、桂皮、盐、酱油、味精、清汤撒在上面，放锅里蒸至熟烂。

⑤ 将蒸好的肉取出，滗去汤汁，在蒸好肉的碗上，放一个比肉碗大的空盘，双手抱紧，把肉碗和空盘翻个，肉被扣进空盘里上桌。

 风味特点　色泽红润，五香味美，浓烂醇香，肥而不腻，入口即化，质地熟烂。

馄饨 **3**

　　馄饨在汉朝北方非常受欢迎，更是皇室宗亲的最爱，汉文帝刘恒、景帝刘启、武帝刘彻从小就最喜欢吃馄饨。西汉扬雄所作《方言》中提到"饼谓之饨"，馄饨是饼的一种，差别为其中夹内馅，经蒸煮后食用；若以汤水煮熟，则称"汤饼"。馄饨发展至今，更成为名号繁多，制作各异，鲜香味美，遍布全国各地，深受人们喜爱的著名小吃。《燕京岁时记》云："夫馄饨之形有如鸡卵，颇似天地混沌之象，故于冬至日食之。"实际上"馄饨"与"混沌"谐音，故民间将吃馄饨引申为，打破混沌，开辟天地。后世不再解释其原义，把它单纯看作是节令饮食而已，我国许多地方冬至有吃馄饨的风俗。

———————— 馄饨 ————————

原料：面粉500克，淀粉100克，猪肉500克，盐、味精、味极鲜、菜籽油各适量，韭菜300克，水发木耳50克，葱花10克，香菜末5克，香油25克，味精2克，味极鲜10克，盐10克。

做法：

① 面粉加盐加水调制成面团，醒制，加入淀粉制作成馄饨皮。

② 把以上馅料洗净切丁、末备用。

调制馅料：猪肉丁加葱花、盐、味精、味极鲜、菜籽油拌匀，加木耳、韭菜末搅拌均匀即成馅心。

③ 两端捏合的地方也要沾点水，捏合成馄饨。

④ 锅烧开水，下馄饨，煮开加半碗冷水再煮开至熟。

⑤ 调制汤汁：盐、味极鲜、香油、香菜末、半碗热水，将煮熟的馄饨放入即可食用。

风味特点 花样繁多，皮薄馅多，滋味香鲜。

小寒·二十四

　　"小寒时处二三九，天寒地冻冷到抖。"《月令七十二候集解》："小寒，十二月节。月初寒尚小，故云，月半则大矣。"我国幅员辽阔，在气候上南北地区有很大的差异。北方地区，小寒节气比大寒节气冷，因此有"小寒胜大寒，常见不稀罕"的说法；但对于南方大部地区来说，却是大寒节气要比小寒节气更冷。小寒三候：一候雁北乡。古人认为候鸟中大雁是顺阴阳而迁移，此时阳气已动，所以大雁开始向北迁移。二候鹊始巢。此时北方到处可见到喜鹊，并且感觉到阳气而开始筑巢。三候雉始鸲。雉在接近四九时会感阳气的生长而鸣叫。

　　探梅：小寒时节，万木凋零，唯有腊梅凌寒盛开，红梅也含苞待放，走出暖和的屋子，来到冰天雪地的室外，赏一赏梅花的坚韧风采，嗅一嗅春天的气息。

　　冰戏：我国北方各省，入冬之后天寒地坼，冰期十分长久，动辄从十一月起，直到次年四月。春冬之间，河面结冰厚实，冰上行走皆用爬犁。爬犁或由马拉，或由狗牵，或由乘坐的人手持木杆如撑船般划动，推动前行。冰面特厚的地区，大多设有冰床，供行人玩耍，也有穿冰鞋在冰面竞走的，古代称为冰戏。小寒犹如黎明前的黑暗，过了小寒，熬过漫长的"数九寒天"便胜利在望。进入小寒节气，已是数九寒天，是进补的最佳时间，更是补肾的最佳时机，应多吃黑豆、山药等补肾食物和温性食物，藏好热量。冬季饮食的原则是"少吃咸多吃苦"，可以多吃羊肉、鸡肉、花生、茴香等温性热性的食物。

坛子肉，是将猪肉装在特制的坛子内，以坛子为主要烹制工具制作而成的菜肴。五花肉含有丰富的优质蛋白质和必需的脂肪酸，并提供血红素（有机铁）和促进铁吸收的半胱氨酸，能改善缺铁性贫血。而带皮五花肉中含有丰富的胶原蛋白，是构成人体筋骨必不可少的营养素，而且对皮肤有特殊的营养作用，可以增加皮肤弹性韧性，舒展皱纹，使皮肤变得更加光滑娇嫩。清末民初，坛子肉成为烟台街上、市肆小馆中有名的风味小吃，是胶东人冬补的佳品。

坛子肉

原料：带皮猪五花肉500克，油炸猪肉丸子75克，鸡蛋糕200克，鸡肉片50克，
火腿片25克，墨鱼片50克，冬笋片25克，蘑菇片25克，金钩10克，姜片
10克，葱段50克，胡椒2克，鲜汤1500克，猪油250克，肉桂25克，盐3
克，酱油150克，醪糟汁20克，冰糖25克。

做法：

五花肉煮十分钟。把坛子洗净，放进切成核桃大小的煮过的五花肉，再加入上述所有原料，将装好的坛子搬到火眼上，用中火烧开，坛口盖上盘子，改用小火煨炖约3小时，至汤浓肉烂即成。煮成的坛子肉，虽烂而不糜，成块而不化，入口则消。

风味特点 颜色红中透亮，带有清香的气味，有别于一般的炖肉。

腊八蒜通常是指用醋腌制的蒜，成品颜色翠绿，口味偏酸、微辣。因多在腊月初八进行腌制，故称"腊八蒜"。腊八蒜通体翡翠色，和腊八之后的低温有很大关系，一般来说，从腊八之后至正月十五，气温较低。大蒜从奶白色变成翡翠绿，说明它所含的植物化学物质的结构发生了变化，这个变化取决于pH。腊八蒜产生绿色，是其中一些含硫物质在酸性条件下发生了结构变化，生成蓝色和黄色两种含硫色素，叠加成为绿色。这种绿色对人体无害，而且有一定的抗氧化作用，能减缓皮肤衰老，预防疾病。自然界中的很多植物都有这样一个聪明的特性，要经过低温之后才能发芽，因为它们认为，这就是经过了冬天，春天重新到来的时候。

腊八蒜

原料：蒜瓣、米醋、糖、盐。

做法：

❶　选用一干净陶罐或玻璃罐，作为泡醋蒜的容器。

❷　选好头蒜，去皮洗净，扒瓣洗净晾干，放入陶罐或玻璃罐，罐中一定

不要有油，倒入米醋刚好没过大蒜为止，加入糖、盐密封，将其置于
10~15℃的条件下，泡制10天左右蒜呈翠绿色即可，并移至阴凉处储
藏，随用随取。

**风味
特点** 色泽碧绿，酸香而辣。

宁海脑饭是著名传统小吃。清末民初之际，胶东流传过这样一句民谣："文登包子福山面，宁海州里喝脑饭。"这"宁海脑饭"以其用料考究、制作精细、味美可口而广受百姓称赞。关于它的来历，据说有这样一个故事。清光绪年间，牟平城东门里有户刘姓人家，家境拮据，度日艰难。这年腊月过小年后，儿媳生了孙子。月子期间，奶水不足，孩子日夜啼哭。时值年关，举家三餐尚且不保，哪有什么好吃的补养身子？好在邻里之间相处和睦，彼此接济，你送点米，他给几个鸡蛋，奶奶疼孙子，先紧媳妇吃。一天傍晚，儿媳舍不得把小米粥都喝光，便留下一些放在盂子（陶制容器）里，待明早再喝。就在这时，西邻张婆婆家做豆腐，就先盛了一大碗豆腐脑送来。刘家自然是感谢不尽，忙乱中就把豆腐脑倒在那盂子里了。第二天一早，刘奶奶索性将错就错，将两样食物一块儿回锅煮了，还顺便添上点葱花，端给了儿媳。儿媳一尝，味儿两样了，滑溜可口。她不知其中道道，婆婆就实话实说了。打那以后，东邻西舍凡有送豆腐脑的，刘家就都和小米粥一块煮着喝。如此一来，儿媳奶水多，孩子吃得饱，一天一个样，一家人欢喜得合不拢嘴。就这样，"小米粥加豆腐脑和着好喝"，就一传十、十传百地传开了。后来，有头脑活络的生意人就琢磨着把这脑饭进一步加工，再配上几样小菜，还捎带炸点面鱼当干的，走街串巷叫卖。每逢牟平大集（旧时大集在今牟平一中南校区东门外，柳林酒家护城河一带），脑饭担子一字排开，十里八乡来赶集的人花不几个钱，就能喝上一碗热乎乎的脑饭。再后来，一些走南闯北的生意人来牟平，总要尝尝这脑饭：好喝！一入嘴就进肚子里去了。这样，宁海脑饭的名声就越来越大、越传越远了，于是就有了文章开篇的那句民谣。

宁海脑饭

原料： 春小米2500克，大豆2500克，盐50克，菠菜500克，辣椒酱100克，腌雪里蕻100克，香油100克。

做法：

① 春小米淘洗干净，用清水浸泡回软，放水磨中磨成浆，用洁布包住过滤，放锅内熬至黏稠盛盆内待用。

② 大豆洗净，用清水浸泡回软，放小磨中磨成浆，放锅内加食用盐卤䐀成嫩豆腐脑，揭去豆腐皮，倒到小米浆盆内成脑饭，盛200碗。

③ 菠菜洗净切成段，与豆腐皮一起加香油炒匀，放豆脑饭上面，食时加盐、辣椒酱、腌雪里蕻拌匀即成。

风味特点 鲜嫩香辣，咸鲜可口，质感爽滑。

　　"天寒色青苍，北风叫枯桑。"大寒是二十四节气中的最后一个节气。《月令七十二候集解》："大寒，十二月中。解见前。"前指小寒——月初寒尚小，故月半寒则大，天气寒冷到极点的意思。大寒三候：一候鸡乳。母鸡开始下蛋孵小鸡。二候征鸟厉疾。征鸟变得凶狠快速，抢夺更多的食物来抵御寒冷。三候水泽腹坚。水域中的冰一直冻到水中央，且最结实、最厚。过了大寒，又是一年。大寒节气由于近年，因而此时的一些民俗活动都具有浓重的"年味"。

　　尾牙祭：尾牙源自于拜土地公做"牙"的习俗。所谓二月二为头牙，以后每逢初二和十六都要做"牙"，到了农历十二月十六日正好是尾牙。这一天买卖人要设宴，款待辛勤劳作一年的员工，现代企业流行的"年会"即是尾牙祭的遗俗。普通家庭也有全家坐一起"食尾牙"的习俗，俗称的"打牙祭"即由此而来。大寒一过，又开始新的一个轮回，正所谓冬去春来，盼望着春回大地，温暖和生机又来到人间。

　　大寒与立春相交接，进补量应逐渐减少，以顺应季节的变化。在进补中应适当增添一些具有升散性质的食物，为适应春天升发特性做准备。这个时期，是感冒等呼吸道传染性疾病高发期，应适当多吃一些温散风寒的食物，以防御风寒邪气的侵扰，比如生姜、大葱、辣椒、花椒、桂皮等。另外，在严寒天气，人体为了保持一定热量，必须增加体内糖、脂肪和蛋白质的分解，产生更多能量以满足机体需要，必须多吃富含"能量"和维生素的食物。严寒也影响着人体泌尿系统，排尿增多，随尿排出的钠、钾、钙等无机盐也较多，还要多食用一些富含无机盐的食物，可适当增加动物内脏、瘦肉类、鱼类、蛋类等，也可多食用韭菜、山药、黑木耳、芋头、红枣等都温性食物，有温肾的作用。海虾、海参也有补肾的作用。

腊八节喝腊八粥的习俗来源于佛教。自从佛教传入中国，各寺院都施舍腊八粥给门徒和善男信女们。到了宋代，民间逐渐形成在"腊八"当天熬粥和喝粥的习俗，并延续至今。腊八粥作为腊八的习惯饮食，虽然有其典故，也有其真正的意义。腊八正处在"四九"，是一年当中气温最低的日子，人的体质也变得较弱，而腊八粥丰富的营养为人体增强免疫力，提高耐寒指数。

——————————— 腊八粥 ———————————

原料：圆糯米150克，绿豆25克，红豆25克，腰果25克，花生25克，桂圆25
　　　克，红枣25克，陈皮1小片，冰糖75克。

做法：

① 先将所有材料用水泡软，洗净。

② 粥锅内注入水，加入所有材料煮开后，转中火煮约30分钟。

③ 放入冰糖调味即可食用。

风味
特点　甜爽可口，营养丰富。

酥肉是鲁菜的代表作之一，是胶东地区居民过年必备菜肴。猪瘦肉可以提供有机铁和半胱氨酸，能有效改善缺铁性贫血症状，具有补肾养血的功效，有利于改善贫血、头晕、营养不良及肾虚体弱多病等病证；含有丰富的蛋白质，可以为人体补充营养，具有补中益气、强身健体的功效；还含有丰富的B族维生素，可以促进皮肤细胞的再生，增进皮肤健康，能够预防湿疹及口角炎、口腔溃疡、口唇炎、舌炎等皮肤黏膜性疾病。成品汁鲜，肉酥烂，味醇香，是烟台人时令冬补的佳肴。

─────────────── 酥肉 ───────────────

原料：猪嫩瘦肉400克，鸡蛋50克，湿淀粉50克，油750克（实用50克），葱姜块、花椒、八角、香菜梗、蛋皮丝、海米、清汤、酱油、盐、料酒、味精、香油各适量。

做法：

❶ 将猪肉切成转刀块，用鸡蛋、湿淀粉、酱油腌制好，放入八成热油中炸成金黄色，捞出将油控净，放在碗内，加清汤、酱油、葱姜块、花椒、八角、味精，上屉蒸熟，取出扣在盘内，去掉花椒、八角、葱姜。

② 将原汤倒在锅内加清汤、盐、料酒、葱姜丝、香菜梗、蛋皮丝、味精、海米烧开，去掉浮沫，淋上香油，倒入盘内即可。

风味特点 色泽金黄，鲜香酥烂。

胶东大饽饽，是胶东民间每逢过年过节、走亲访友、儿娶女嫁必备的美食礼品，也是家家户户春节餐桌上常见的美食。胶东饽饽选用当地优质小麦磨成的第一道面粉（俗称头麸面），采用自制的引子饽饽发面，利用传统的手工技艺制作，其口味独特，麦香浓郁。

胶东大饽饽

原料：小麦粉5000克，白糖200克，猪大油200克，酵母（引子）50克，水2000克，饽饽粉100克，大枣500克，面碱适量。

做法：

① 面粉加白糖、猪大油和用温水化开的酵母调制成面团，将面团和到不粘手，放进盆里盖上盖子发酵醒发至面开。把大枣去核，切细长条备用。

② 将干面粉再次加入发酵好的面团里，继续和到面团表面光滑不粘手，兑碱饧面，再次放进盆里盖上盖子，二次醒发。

③ 将二次醒发的面团揉匀，下成1250克的剂子，揉成高桩馒头状，拍饽饽粉，挑面鼻嵌进大枣，制成大饽饽。

❹ 大火将蒸锅的水烧开，将大饽饽醒发至暄，放进蒸锅，开火蒸饽饽。将饽饽蒸熟之后不要着急取出，等五分钟之后开锅盖，取出饽饽。

风味特点 色泽洁白，麦香浓郁，香甜适口，暄软劲柔，口味独特。

鲁菜之都话美食

瑞降双海，福拥半岛，礼浸东夷，德润胶东。洞天福地，魅力烟台，钟灵毓秀，人杰地灵。醉美烟台，山清水秀，四季分明，夏无酷暑，冬无严寒，气候宜人。鲜美烟台，集湾岛陆相映、山海河贯通、港产城于一体，尽显城市风景之美、生态之美、人文之美、饮食之美。

壮乎哉烟台！秦皇三巡，汉武七驾；海纳百川，宜居城市。烟台位于东经119°34'—121°57'；北纬36°16'—38°23'，北、西北部濒渤海，东北和南部临黄海。现全市总面积1.39平方公里，常住人口713.8万，其中市区面积2730平方公里，城镇常住人口466.97万。海岸线长1038.14公里，是世上最适合人类居住的地方之一。

烟台历史悠久。烟台是早期人类繁衍生息的地区之一，古为东夷族地，商、西周和春秋时为莱国地，战国属齐，秦汉时为黄县、腄县县治，隋、唐及宋、元时行政区划变动不居，多为登、莱二州府地。公元1398年（明洪武三十一年），为防倭寇侵扰，朝廷在芝罘湾南岸奇山脚下设置守御千户所，同时在北山（今烟台山）修筑了举火燔烟报警的狼烟台，烟台由此而得名。公元1861年烟台辟为通商口岸，1934年成立特别行政区，1938年设市。中华人民共和国成立后，烟台为县级市和行署所在地，1983年设地级烟台市。中心城市由芝罘、莱山、福山、牟平和蓬莱5个行政区（含烟台经济技术开发区、高新区技术产业开发区、保税港区和昆嵛山国家级自然保护区四个特殊经济区），辖莱阳、海阳、栖霞、龙口、莱州、招远6个县级市。烟台是鲁菜的发祥地之一，是享誉世界、名扬五湖四海的鲁菜之都。2001年10月，中国烹饪协会将"鲁菜之乡"的桂冠授予烟台市福山区，这在中国烹饪史上尚属首次，这也充分证明了烟台在中华美食中的地位和对中华美食文化的贡献。

鲜乎哉烟台！兴千秋伟业。烟台美食源远流长。据境内多处原始文化遗址出土的陶鼎、鬲、罐和粮食以及兽骨、贝壳及高脚杯等文物考证，6000多年前的烟台人在饮食上已形成由猎取、种植粮食，从原料到加工、煮熟，进食及至饮酒等较为完整的饮食体系，尤其捕捞海贝等海产品为食，开创了烟台风味美食以海鲜为主要烹饪原料的先河。西周、春秋时期胶东沿海一带冶铁，渔盐业空前发展，特别是管子治齐后，更是大兴"渔盐之利"，作为齐国食邑的胶东沿海、民众用盐调剂饭菜咸淡，"其民食鱼而嗜咸"，奠定了烟台风味美食以咸鲜为主的基础，促进了美食风格的生成。隋唐时期，烟台风味美食凭借港口的优势，开始走向全国。到北宋时期，烟台风味作为"北食"的杰出代表，普遍受到人们的推崇和喜爱。元、明时期，烟台美食进入完善提高阶段，烹调菜肴讲究原料的精选，强调技法的多种多样和工艺的精细，注重口味的和谐。史料记载，明朝烟台已有数十种烹饪技法。清末民初，烟台美食进入成熟发展阶段。鸦片战争后，烟台工商业迅速发展，经济畸形繁荣，饮食业空前活跃，"灯火家家市，笙歌夜夜楼"。境内继吉升馆（1852年），东顺馆（1862年）等能包办酒席的大饭馆相继开业后，一些风格独特的酒楼、饭馆也应运而生，如专门接待外国人和官僚、绅士的会英楼、大罗天、松竹楼等，综合性的中兴楼、东城楼等专业性酒菜馆和风味小吃店小洞天、万香斋等，普通小吃店和饭摊多经营火烧、锅饼、馄饨、水饺和小炒等。《烟台通览》载文"烟埠居民，宴会之风甚盛……"筵席普遍讲究饭菜口味好、花样多，要求高，礼食烦琐，讲究排场，制作精良。烟台烹饪早已发展成为我国著名的地方风味流派。

兴乎哉烟台！展鹏程万里。中华人民共和国成立后，特别是20世纪80年代以来，烟台美食实现了全面振兴。在近30年间，烟台成为全国首批沿海开放城市，成为环渤海经济圈内的重要城市，全国综合实力50强和投资环境40优城市，国民经济和社会事业跨越发展，两个文明成果显著。此期间境内星级宾馆、酒店、餐馆和小吃店等餐饮企业多达3000多家，从业人员10万以上，并有一大批企业被授予中华餐饮名店，中华绿色饭店和中国鲁菜名店等荣誉称号。随着民众生活水平的提高，一些外地风味菜和外国快餐也相继涌入烟台，民众家庭饮食结构发生了变化，讲风味、讲营养、快节奏已成时尚。烹饪工作者致力于继承传统、将经典鲁菜发扬光大，创新发展，在保持本色的同时，与时俱进，并创出一批绝无仅有适应现代人需求的美食佳肴，实现了新时期烟台美食的辉煌。

美乎哉烟台！国际葡萄·葡萄酒城，亚洲独秀；国际果蔬·食品盛会，寰宇蜚声。烟台美食的成因得益于优良的自然环境、丰饶的物产资源和睿智的民众。烟台有山有海，交通便捷，四季分明，年均降水675毫米，气温10～18℃，无霜期210天，相对湿度68%，日照指数2700小时。这里春天阳光明媚、鸟语花香；夏日郁郁葱葱、生机盎然；秋天五彩缤纷、果实累累；隆冬银装素裹、分外妖娆。境内海岸线绵长，水域辽阔，水质优良，水温四季变化有序，造就了丰富的鱼类、贝类、虾蟹类、藻类和软体类海产品，成为烹饪的上好原料。据不完全统计，共有鱼类200多种，其中牙片鱼、鲽目鱼、加吉鱼、黄花鱼、鲈鱼、鲅鱼等经济价值较高的就有30多种；虾蟹类主要有对虾、梭子蟹、赤甲红等百余种；贝类主要有鲍鱼、海螺、天鹅蛋等上百种；藻类有紫菜、裙带菜、海带等几十种；还有海参、海胆、海肠等名特海产品几十种。最著名的当数鲍鱼、海参、对虾，以其品质优良名扬海内外。境内低山丘陵及延伸部分积物发育，土层较厚，土质肥沃适宜粮食、蔬菜、水果生长，故为著名的果蔬之乡。烟台苹果久负盛名，大樱桃誉满华夏，莱阳梨叫响世界，烟台大花生、龙口粉丝驰名中外，优质高产的大白菜，黄瓜、辣椒、芫荽等传遍大江南北。丰富的物产资源为烟台美食的形成打下了坚实的基础，使这方沃土上的饮食之花开得娇艳多姿。

仙乎哉烟台！瞰昆仑蓬莱。烟台民众勤劳聪慧，民风淳朴。这里崇尚耕读文化，历来人才辈出，古代和近代的历史文化名人淳于髡、徐福、丘处机、戚继光、郭宗皋、宋琬、郝懿行、王懿荣等是其中的佼佼者，他们的思想、理论、智慧和学术成就，对中华民族文化的发展产生了深远影响，也影响了鲁菜的形成、传播和发展。烟台人信奉老实为本的信条，勤于学习，善于钻研，吃苦耐劳，崇尚厨艺。烟台烹饪源于民间有着广泛的群众基础。在齐鲁之邦，礼仪之乡大的文化背景下，民众讲究礼仪，热情好客；注重迎来送往，筵饮之风甚盛，不论是婚丧嫁娶还是升迁发财，不论接风洗尘还是走亲访友，都要设宴摆席，即使好友小聚，也不马虎，或正餐或便饭或隆重或俭朴，都特别重视。这种质朴的民风民俗，造就了"家家善烹饪，人人皆厨师"的局面。

作为鲁菜之都、美食之乡，烟台涌现出大批学有真传、身怀绝技的名厨高手，在全国乃至世界各地的烹饪业中，显露着聪明才智，展现着非凡技艺，在烹饪技术上起着"带头羊"的作用。现任国家餐饮业评审委员会首席评委、北京丰泽园饭店技术总监、鲁菜泰斗、中国烹饪大师王义均，原籍烟台福山，1983年在全国烹饪名师技术表演鉴定活动中，其冷拼、热菜均获金奖，并被授予"全国十佳厨师"称号。他多次为国家领导人和外国总统首相烹制菜肴，多次赴法国、日本、意大利、美国、新加坡等国讲学和献艺，好评如潮，其烹制的正宗烟台菜葱烧海参和烩乌鱼蛋等，都是脍炙人口的名菜佳肴。周恩来总理曾亲自赠送他一套珍贵的烹调工具，并叮嘱他要把鲁菜的烹调技艺传授给下一代。改革开放以后，烟台众多的中国烹饪大师，中国鲁菜烹饪大师以高超的烹饪技艺，创制出了大量的美食精品，既为鲁菜增添了光彩，又为鲁菜赋予了新的内涵，使鲁菜能够与时俱进，在全国处于领先地位。

魅乎哉烟台！烟台美食特色鲜明，魅力无限。烟台美食的基本特点是原汁原味，清鲜脆嫩，味道平和纯正，色、香、味、形俱佳。在制作风格上，烟台美食兼收山海之灵气，又受儒家文化之润泽，形成了制作精细、配料巧妙、讲究造型、口味淡雅细腻的美学风格。烟台烹饪技法全面，常用法有炸、熘、爆、炒、烧、扒、焖、烤、炝、拌、氽、烩、蒸、煎、熏、煸、拔丝等，尤其擅长爆、炒、熘、炸、扒、蒸，注重火候，凉、热、温适度，制成的菜肴具有软、焦、酥、嫩、脆、滑六大特征。传统名菜有糟熘鱼片、清熘虾仁、炸蛎黄、清蒸加吉鱼、葱烧海参、煎烹大虾、浮油鸡片、爆炒大蛤、芫爆乌鱼花、油爆海螺、芙蓉干贝、清汤全家福、韭黄炒海肠、蟹黄鱼翅、油爆肚仁、爆双脆、拔丝珍珠苹果等几百种，传统名点有福山拉面、杠子头火烧、鲅鱼水饺、家常饼、蓬莱小面、对虾小笼包等200多种。近几年来，烟台又开发出几十款新潮鲁菜，如陈醋蜇头、脆爽巴蛸、水晶虾仁、虾脑鱼脯、温拌鸟贝等，受到了人们的普遍赞誉。

高乎哉烟台！烟台美食的最大特色在于大众化。烟台家庭烹饪美食遍及城乡，每个家庭主妇都是技艺娴熟的厨师，平时料理一家人吃好喝好，逢年过节，人来客往、婚丧嫁娶等，更是大显身手，做一桌、几桌甚至几十桌集美味之大成的丰盛菜肴习以为常。在烟台，厨师和民众共同主宰美食天下，集中国美食之大成。

烟台美食在中华大地上具有很大的影响力。首先，烟台美食作为鲁菜的重要风味，为鲁菜名列中国四大菜系之一、宫廷菜系之首撑起了半壁江山，为鲁菜的繁荣发展做出了突出贡献。其次，烟台美食对黄河中下游地区和东北三省饭菜基本口味和烹调技法产生了重要影响，在此乃至更大范围推广。现代著名作家苏叔阳曾评述，鲁菜之所以名列四大菜系之一、宫廷菜系之首，是因为每个菜系都有鲁菜的影子，都有鲁菜的基本口味。再次，烟台烹饪元朝进入宫廷，后至明、清两代，并为御膳支柱，即使清末京城的烟台风味菜馆，也多供奉过御膳。最后，清末民初，烟台烹饪业誉满京华，名扬北方大城市。有关资料称："数百年来，烟台菜和济南菜并称为鲁菜两大风味。""烟台帮精于海味，在北京已有四五百年的历史。"清末民初，北京著名的八大楼饭庄中的东兴楼、致美楼、泰丰楼、新丰楼、萃华楼、安福楼、同和居、福寿堂等均为烟台人开办或掌灶。张文鸾老先生20年前为《中国烹饪》杂志撰文《北京菜》中写到"五六十年以前，在北京有名的大饭庄，什么堂、楼、居、春之类，从掌柜到伙计，十之七八山东人，厨房里更是一片胶东口音。"丰泽园饭庄就以经营正宗鲁菜而扬名京城，其创办人栾学堂是烟台（福山区浒口村）人氏。饭庄于1930年农历八月十五开业，厨师先多是济南人，后清一色烟台人。这些来自烹饪之乡的厨师高手个个身怀绝技，烹调的葱烧海参、燀大虾、醋椒活鱼、砂锅鱼翅、糟熘鱼片等均为中华美食佳肴。饭庄开业后以独特的风味征服了人们，成为名人志士、社会名流、达官显贵必到之处，至今长盛不衰。

盛乎哉烟台！烟台美食还远播海外，流芳世界各地。统计资料显示，五大洲30多个国家和地区都能见到烟台风味餐馆：如日本的锦城阁、北京饭店、陶然亭；韩国的中美饭店、新东阳、德成楼；英国的中华菜馆、风林阁；法国的丰泽园；美国的华北饭店、鲁园饭店等；新加坡、泰国、印度尼西亚、马来西亚、菲律宾、加拿大、澳大利亚和阿根廷等国家也有不少很有名气的烟台风味菜馆。在符拉迪沃斯托克（原名海参崴），烟台风味菜馆成为这个城市餐饮业的主宰，在英国，烟台籍厨师和饭店经营者成为同行业中的佼佼者，该国华人成立的英国京菜业网业联谊会有35名执事，其中30人是烟台籍人氏。真可谓"鲁菜之都美名扬，烟台美食传四方"。

刘雪峰

2022年5月18日

［1］忽思慧. 饮膳正要. 上海：上海古籍出版社，2017.

［2］吴澄. 月令七十二候集解. 长沙：湖南美术出版社，2010.

［3］何新. 夏小正. 沈阳：万卷出版公司，2014.

［4］薛宝辰. 素食说略. 北京：中国商业出版社，1984.

［5］司马迁. 史记. 北京：北京联合出版公司，2016.

［6］班固. 汉书. 北京：中华书局，2012.

［7］许慎. 说文解字. 北京：中华书局，2013.

［8］司马迁. 历书. 北京：北京联合出版公司，2016.

［9］贾思勰. 齐民要术. 上海：上海古籍出版社，2020.

［10］司马彪. 续汉书. 合肥：安徽教育出版社，2007.

［11］王世舜等. 大禹谟. 北京：中华书局，2012.

［12］老子. 道德经. 北京：北京联合出版公司，2015.

［13］张潮. 因树为书影. 南京：凤凰出版社，2018.

［14］黄公绍. 韵会. 北京：中华书局，2002.

［15］叶楚伧等. 首都志. 南京：南京出版社，1985.

［16］李时珍. 本草纲目. 上海：上海科学技术出版社，1993.

［17］赵学敏. 本草纲目拾遗. 北京：中国中医药出版社，1998.

［18］丁宜曾. 农圃便览. 北京：中华书局，1957.

［19］郝懿行. 记海错. 青岛：中国海洋大学出版社，2021.

［20］崔灵恩. 三礼义宗. 上海：人民出版社，2018.

［21］何冀平. 天下第一楼. 北京：北京十月文艺出版社，2004.

［22］扬雄. 方言. 北京：中华书局，2016.

［23］范庆梅. 烟台文化通览. 济南：山东人民出版社，2012.